Johann Wolfgang Goethe war nicht nur ein großer Dichter, sondern ist auch als ebenso begabter wie begeisterter Naturforscher hervorgetreten. Über viele Jahre seines Lebens hat er sich hartnäckig und leidenschaftlich um die wissenschaftliche Erkenntnis der Natur bemüht. Seine Aufzeichnungen, Schriften, Gespräche und Briefe, aus denen hier eine Auswahl vorliegt, widerspiegeln Lust und Leiden dieses Forscherlebens in lebendiger Weise.

Goethes Interessen reichten in der Biologie von den Anfängen des Lebendigen über die Entdeckung des Zwischenkieferknochens bis zur Entwicklung einer Metamorphosenlehre. Geologische und meteorologische Studien verfaßte er gleichermaßen wie eine ganz eigenständige und entsprechend umstrittene Theorie der Farben, die berühmte Goethesche Farbenlehre. Sogar der Blick ins Weltall und auf neueste Erfindungen in Physik, Chemie und Technik findet sich bei ihm. Doch hat er gerade bei diesen Themen auch Vorbehalte gegenüber einer schrankenlosen Forschung angemeldet und an die Verantwortlichkeit des Menschen für sein Tun erinnert.

Goethes Umgang mit Naturphänomenen unterscheidet sich denn auch wesentlich von dem instrumentellen Zugang, der seit dem 19. Jahrhundert die moderne Wissenschaft prägt. Die Naturwissenschaften gehörten für Goethe zwar zu den unverzichtbaren kulturellen Leistungen der Menschheit. Doch hat er dem grenzenlosen Forscherdrang mit zunehmender Dringlichkeit die Forderung nach Selbstbeschränkung und nach einer »zarten Empirie« entgegengestellt, die ihre Objekte mit Respekt, ja Liebe behandelt. Sein Anstoß zum Nachdenken über eine Entwicklung, die seither immer rasanter vor sich gegangen ist, erscheint heute aktueller denn je.

Das Buch stellt Goethes Forschungen in allen ihn interessierenden Wissenschaftsgebieten vor. Es wurde von Margrit Wyder begleitend zu einer Ausstellung des Collegium Helveticum der ETH Zürich und des Präsidialdepartementes der Stadt Zürich zusammengestellt. Ein Essay von Adolf Muschg über Goethe als »Grenzphänomen« beschließt den Band.

insel taschenbuch 2575
Bis an die Sterne weit?
Goethe und die Naturwissenschaften

*Goethe 1828, Ölgemälde von J. Dürck (1829) nach J. C. Stieler,
aus Goethes Sammlungen*

Was ist das schwerste von allem? Was dir das leichteste dünket,
Mit den Augen zu sehn, was vor den Augen dir liegt. *Xenien 1796*

Bis an die Sterne weit?

Goethe und die Naturwissenschaften

Ausgewählt von Margrit Wyder
Mit einem Essay von Adolf Muschg

Insel Verlag

Publiziert mit Unterstützung des Präsidialdepartements der Stadt Zürich

Umschlagabbildung: Tafel I zu Goethes Farbenlehre

insel taschenbuch 2575
Erste Auflage 1999
© Insel Verlag Frankfurt am Main und Leipzig 1999
Vertrieb durch den Suhrkamp Taschenbuch Verlag
Umschlag nach Entwürfen von Willy Fleckhaus
Satz: Hümmer GmbH, Waldbüttelbrunn
Druck: Druckerei Konkordia, Bühl
Printed in Germany

1 2 3 4 5 6 – 04 03 02 01 00 99

Inhalt

Einleitung

Die Konfessionen eines Naturforschers
von Margrit Wyder

»Seit länger als einem halben Jahrhundert kennt man mich, im Vaterlande und auch wohl auswärts, als Dichter und läßt mich allenfalls für einen solchen gelten; daß ich aber mit großer Aufmerksamkeit mich um die Natur in ihren allgemeinen physischen und ihren organischen Phänomenen, emsig bemüht und ernstlich angestellte Betrachtungen stetig und leidenschaftlich im stillen verfolgt, dieses ist nicht so allgemein bekannt noch weniger mit Aufmerksamkeit bedacht worden.«

Goethes Klage in dem 1830 vollendeten Aufsatz *Der Verfasser teilt die Geschichte seiner botanischen Studien mit* entbehrt nicht einer gewissen Ironie. Sein Leben lang hat er darum gekämpft, von den zeitgenössischen Naturforschern als einer der Ihren anerkannt zu werden, doch stand ihm dabei seine Berühmtheit als Dichter gerade im Wege. Ständig sah er sich dem Vorurteil ausgesetzt, er habe die Natur vor allem als Poet betrachtet und seine wissenschaftlichen Werke seien lediglich als Nebenprodukte seiner literarischen Tätigkeit entstanden. Mit Aufsätzen über die Entstehungsgeschichte seiner zoologischen und botanischen Studien versuchte er später diese Optik geradezurücken.

Eine reiche wissenschaftliche Korrespondenz beweist, daß Goethe unter den zeitgenössischen Naturforschern einige Freunde hatte. Doch war etwa die zögerliche Anerkennung seiner Entdeckung des Zwischenkieferknochens beim Menschen von seiten der Fachanthropologen eine lebenslange Kränkung für ihn. Ähnlich erging es ihm mit der lauen Rezeption seiner Schrift über die *Metamorphose der Pflanzen*, und mit der *Farbenlehre* verstrickte er sich gar in einen jahrzehntelangen, hoffnungslosen Kampf gegen Newtons physikalische Optik; überall stieß er mehr auf höflichen Respekt als auf das erhoffte Verständnis. Die Vielseitigkeit seiner Forschungsanstrengungen mußte den Ruf des Dilettanten noch verstärken, bearbeitete er doch im Laufe seines Lebens Probleme der Geologie, Mineralogie, Zoologie, Botanik, Optik und Meteorologie, entsprechend seiner Überzeugung von der Einheit der Natur und der Allgemeinheit ihrer Gesetze.

Ausdruck fand das Interesse an der Naturerkenntnis zuerst in der Lektüre und im experimentellen Nachvollzug hermetischer Schriften, wie es Goethe in *Dichtung und Wahrheit* ausführlich geschildert hat. Doch hatte er bereits in seiner Leipziger Studienzeit (1765-68) auch von den Werken Linnés, Buffons und Hallers Kenntnis erhalten, deren Theorien in den Tischgesprächen seiner Kommilitonen aus der medizinischen Fakultät diskutiert wurden. Die drei großen Vertreter der Naturwissenschaft in der Mitte des 18. Jahrhunderts repräsentierten mit ihren enzyklopädischen Werken die Summe des damaligen Wissens über die Natur – Carl von Linné in der Systematik, Graf Buffon in der Naturgeschichte und Albrecht von Haller in der Physiologie. Sie schufen damit die Ausgangsbasis für die wissenschaftlichen Bestrebungen der zweiten Jahrhunderthälfte, in die Goethes eigene Forschungen fallen. Er hat denn auch immer betont, daß er dem wissenschaftlichen Umfeld seiner Epoche viel zu verdanken hatte. Bei Eckermann heißt es unter dem Datum des 1. September 1827:

»Wenn ich aber in denen Gegenständen, die in meinem Wege lagen, etwas geleistet, so kam mir dabei zugute, daß mein Leben in eine Zeit fiel, die an großen Entdeckungen in der Natur reicher war als irgendeine andere ... wodurch ich denn nicht allein früh auf die Natur hingeleitet, sondern auch später immerfort in der bedeutendsten Anregung gehalten wurde.«

Tatsächlich hat Goethe solche Anregungen stets genutzt, wenn sie sich boten: In Straßburg, wo er sein Studium der Jurisprudenz abschloß, besuchte er auch Vorlesungen in Anatomie, Chirurgie und Chemie. Die Mitarbeit an Johann Caspar Lavaters großem Werk zur Physiognomik benutzte er zu einer Abhandlung über Tierschädel. Etwas später wurde für den jungen Weimarer Minister der Plan einer Wiederaufnahme des Bergbaus in Ilmenau zum Ausgangspunkt erster mineralogischer Studien. Daß in Weimar auch fleißig botanisiert wurde, nahm er zum Anlaß, sich einen ersten Einblick in Linnés Methode der Pflanzenbestimmung zu erarbeiten. Den Beginn ernsthafter wissenschaftlicher Bemühungen datierte er selbst aber erst auf das Jahr 1780, als die Lektüre von Buffons *Epoques de la nature* ihn mit den aktuellen Fragestellungen in der Naturgeschichte vertraut machte. Ein Jahr später begann Goethe in Jena Vorlesungen in Anatomie zu besuchen und selbst anatomische Studien zu betreiben, was ihn 1784 zur Entdeckung des Zwischenkieferknochens beim Menschen führte.

Dies alles aber geschah auf dem Hintergrund einer über den

Die Konfessionen eines Naturforschers

13

Einfluß Herders und der Werke Spinozas sich ausbildenden Naturanschauung, in der die Natur als Manifestation des Göttlichen galt, in deren allumfassendes Wirken auch der Mensch
einbezogen war. Auf die so verbürgte Gleich-Ursprünglichkeit
aller Wesen gründete sich, in Analogie zur modernen evolutio-
nären Erkenntnistheorie, Goethes Überzeugung, daß die Natur
durch den Menschen grundsätzlich erkennbar sei. Diesem Op-
timismus, der von keinem kantianischen Zweifel erschüttert
werden konnte, blieb er sein Leben lang treu, und wenn er
auch in späteren Jahren gewisse Einschränkungen zugegeben
hat, formulierte er doch das Bewußtsein einer intimen Vertraut-
heit mit den innersten Gesetzen der Natur in der provozieren-
den Sentenz: »›Die Natur verbirgt Gott!‹ Aber nicht jedem.«
(Sprüche in Prosa 1.411.)
Mit dieser Replik auf einen Satz von Friedrich Heinrich Jacobi
bestritt Goethe die Existenz einer unüberwindlichen Trennung
von göttlichem, verborgenem Innen und weltlichem, verber-
gendem Außen, wie sie in der traditionellen Auffassung des Verhältnisses von Gott und Natur gültig war.
Explizit einander gegenübergestellt hat Goethe die beiden ver-
schiedenen Naturvorstellungen im 1820 entstandenen Gedicht
Allerdings, das im Untertitel *Dem Physiker*, also im wörtlichen
Verständnis jedem Erforscher der physischen Natur, gewidmet
ist. Er bezieht sich darin auf ein vielzitiertes Verspaar aus einem
der weltanschaulichen Gedichte Albrecht von Hallers:
»Ins Innre der Natur –«
O du Philister! –
»Dringt kein erschaffner Geist.«
Mich und Geschwister
Mögt ihr an solches Wort
Nur nicht erinnern:
Wir denken: Ort für Ort
Sind wir im Innern.
»Glückselig! wem sie nur
Die äußre Schale weist!«
Das hör' ich sechzig Jahre wiederholen,
Ich fluche drauf, aber verstohlen;
Sage mir tausend tausendmale:
Alles gibt sie reichlich und gern;
Natur hat weder Kern

Noch Schale,
Alles ist sie mit einemmale;
Dich prüfe du nur allermeist,
Ob du Kern oder Schale seist.

Goethe stellte sein eigenes Forschen und das seiner geistesver-
wandten »Geschwister« also unter einen anderen Naturbe-
griff, den man *ganzheitlich* nennen könnte, wenn dieses Wort
nicht bereits so abgegriffen wäre. Doch welche Konsequenzen
hatte diese Auffassung der Natur für die wissenschaftliche Pra-
xis? Die ironisch-moralischen Schlußverse des Gedichts weisen
bereits darauf hin, daß es für Goethe keine rein ›objektive‹ Naturerkenntnis gab, sondern daß er sie grundsätzlich vom betrachtenden und untersuchenden Individuum mitbestimmt
sah. So heißt es in einer Maxime:
»Die Erscheinung ist vom Beobachter nicht losgelöst, vielmehr
in die Individualität desselben verschlungen und verwickelt.«
(Sprüche in Prosa 1.620.)
Diese Überzeugung hat er immer wieder betont, weil sie seine
ureigenste Art des Erkenntnisgewinns betraf: Goethe suchte
den Zugang zu den Phänomenen der Natur über die sinnliche
Wahrnehmung, das heißt mit Einbezug des ganzen Menschen
und unter Verzicht auf alle künstlichen Hilfsmittel. Er sah in
diesem Vorgehen keine Einschränkung, sondern einen Gewinn.
Und ebensowenig wie er von sich selbst als forschendem Subjekt abstrahieren wollte und konnte, war er bereit, die Phänomene auf mathematisch ausdrückbare Gesetzmäßigkeiten zu
reduzieren – eine Provokation für die damalige Entwicklungsrichtung der Naturwissenschaften wie auch für die heutige
»High-Tech«-Forschung:
»Der Mensch an sich selbst, insofern er sich seiner gesunden
Sinne bedient, ist der größte und genaueste physikalische Apparat, den es geben kann; und das ist eben das größte Unheil der
neuern Physik, daß man die Experimente gleichsam vom Menschen abgesondert hat, und bloß in dem, was künstliche Instrumente zeigen, die Natur erkennen, ja was sie leisten kann dadurch beschränken und beweisen will.«
(Sprüche in Prosa 2.42.1)
Als Lohn für seine Rücksicht im Verkehr mit der Natur eröffnet
sich dem Forscher schließlich der Zugang zu den *Urphänomenen,* in denen alle zugehörigen Einzelphänomene zugleich real

*Die Konfessionen
eines Naturforschers*

15

und symbolisch repräsentiert sind, wie zum Beispiel die Phänomene der Polarität im Magneten. Goethe begegnete solchen Erscheinungen zeitlebens mit ehrfürchtigem Staunen, ja sogar mit
einer geradezu ängstlichen Scheu. Die Richtigkeit seines Ver-
fahrens bestätigte sich für ihn eben darin, daß es ihm Erfahrungen ermöglichte, die er nur in religiösen Kategorien auszudrük-
ken vermochte:

»Alles was wir Erfinden, Entdecken im höheren Sinne nennen,
ist die bedeutende Ausübung, Bethätigung eines originalen
Wahrheitsgefühles, das, im Stillen längst ausgebildet, unverse-
hens mit Blitzesschnelle zu einer fruchtbaren Erkenntniß führt.
Es ist eine aus dem Innern am Aeußern sich entwickelnde Of-
fenbarung, die den Menschen seine Gottähnlichkeit vorahnen
läßt. Es ist eine Synthese von Welt und Geist, welche von der
ewigen Harmonie des Daseyns die seligste Versicherung gibt.«
(Sprüche in Prosa 1.299.)

Das Innere des Menschen erfährt also am Äußern der Natur,
das selbst wiederum Ausdruck eines göttlichen Innern ist,
eine Bestätigung seiner selbst, die weit über jede rein intellektu-
elle Befriedigung hinausgeht. Es versteht sich, daß der Wahr-
heitsgehalt einer auf diese Weise gewonnenen Erkenntnis für
Goethe keiner weiteren Beweisführung mehr bedurfte. Kom-
primiert in einer einzigen Zeile aus dem Gedicht *Vermächtnis*
lautet Goethes Credo: »Was fruchtbar ist, allein ist wahr«.

Ein solches Wahrheitskriterium stellt allerdings hohe ethische
Anforderungen an die Erkenntnissuchenden. Die Gefahr, daß
subjektive Überzeugungen und persönliche Interessen die vom
Naturwissenschaftler doch anzustrebende Objektivität – im
Sinne einer *dem Objekt adäquaten* Aussage – zu unterlaufen
drohen, hat Goethe auch gesehen, und er selbst ist ihr nicht immer entgangen. Aber für ihn konnte die Lösung des Problems
nicht im Eliminieren des menschlichen Faktors liegen; vielmehr
sollte man sich diesen seiner Ansicht nach gerade bewußtma-
chen:

»Bei Betrachtung der Natur im Großen wie im Kleinen hab' ich
unausgesetzt die Frage gestellt: Ist es der Gegenstand oder bist
du es, der sich hier ausspricht? Und in diesem Sinne betrachtete
ich auch Vorgänger und Mitarbeiter.«
(Sprüche in Prosa 1.320.)

Nicht also durch Absehen von sich selbst, sondern im Gegenteil nur durch tiefere Erkenntnis seiner selbst und der anderen kann man nach Goethes Überzeugung den Phänomenen gerecht werden, weshalb er auch Forschungsresultate stets in einen Bezug zum biographischen Hintergrund der jeweiligen Forscher gesetzt hat. – Doch Selbsterkenntnis ergibt sich, wie er öfters betont hat, wiederum nur in der tätigen Auseinandersetzung mit der Außenwelt. Erst dieses Vorgehen bietet die Voraussetzung für eine adäquate Wahrnehmung der Wirklichkeit. So hat Goethe zwar den naiven Anthropozentrismus vieler seiner Zeitgenossen verworfen, doch war ihm andererseits ein selbstverständlicher Anthropomorphismus eigen, der, wie in der oben zitierten Maxime formuliert, auch dem »Gegenstand«, also dem Objekt der Forschung, die Fähigkeit zuerkennt, sich auszusprechen. Der *Diskurs über* die Natur verwandelt sich so in einen *Dialog mit* der Natur.

»Es ist ein angenehmes Geschäft die Natur zugleich und sich selbst erforschen weder ihr noch seinem Geiste Gewalt anzuthun sondern beyde durch gelinden Wechseleinfluß mit einander ins Gleichgewicht zu setzen.«
(Sprüche in Prosa 1.369.)

Goethe gab sich in den *Einzelnen Noten* zur Morphologie überzeugt davon, »daß die Natur nach Ideen verfahre« und damit dem menschlichen Geist ein gleichwertiges Gegenüber sein könne. Darin liegt denn auch der grundsätzliche Unterschied zwischen Goethes Position und derjenigen der Positivisten, deren wissenschaftliches Credo im 19. Jahrhundert den Sieg davontragen sollte. Trotz seines pionierhaften Eintretens für den Entwicklungsgedanken in der Natur hätte Goethe deshalb nie ein »Mitbegründer« der Deszendenztheorie werden können, wozu ihn Ernst Haeckel einst erklärte. Darwins Theorie der natürlichen Selektion wäre ihm als Versuch erschienen, das »ungeheure Geheimnis«, das er schon in der Jugendzeit in der Natur erahnte, durch einen geist- und geheimnislosen Mechanismus zu ersetzen.

Was die historische Einordnung seiner eigenen Forschungsleistungen betrifft, so hat Goethe – außer bei der *Farbenlehre*, von deren epochaler Bedeutung er zeitlebens überzeugt blieb – rückblickend meist die Rolle eines bescheidenen Vorarbeiters angenommen, dessen Anregungen von Männern wie Carl Gustav Carus oder Nees von Esenbeck aufgenommen und weitergeführt worden waren. Neben dem *linearen* Modell der Wissenschaftsgeschichte – dessen Herkunft aus dem Denken der Aufklärung deutlich ist – findet sich bei ihm seit der Jahrhundertwende aber immer öfter ein *polares*, worin Phasen sogenannt *analytischer* und *synthetischer* Naturbetrachtung einander ablösen und ergänzen. Diese Phasen unterscheiden sich nach Goethe dadurch, daß sie jeweils mehr dem Erwerb von empirischen Detailkenntnissen oder der Suche nach übergeordneten Zusammenhängen gewidmet sind.

Auch die einzelnen Forscherpersönlichkeiten teilte Goethe in diese beiden Kategorien ein, doch konnte er sich selbst nicht vorbehaltlos einer davon zuordnen. Sein eigener Weg hatte ihn ja von der Naturmystik der Jugendzeit zunächst zur empirischen Forschung der achtziger und neunziger Jahre geführt, wo er sich ohne Skrupel auch am Seziertisch betätigte. Danach aber fand er zu einer erneuten, nunmehr bewußten Hinwendung zu naturphilosophischen Positionen. Ohne zu verhehlen, daß sein Streben und seine Sympathien letztlich auf seiten der ›Synthetiker‹ waren, mochte er doch auf die Leistung des analytischen Verstandes nicht verzichten und sah schließlich allein im ständigen Wechselspiel der unterscheidenden und der vereinigenden Geisteskräfte die Gewähr für ein weiteres Vorankommen der Wissenschaften. Dies sollte gewährleisten, daß spekulative oder esoterische Richtungen – Goethe sprach von »Mystizimus« – nicht die Oberhand gewinnen konnten. Warnendes Beispiel war ihm dabei die Entwicklungsrichtung der deutschen romantischen Naturphilosophie, die er als ein Überhandnehmen des Subjektiven verurteilte. In einem Brief an Schiller bekannte er im Juni 1798, daß er weder »mit den Naturphilosophen, die von oben herunter«, noch »mit den Naturforschern, die von unten hinauf leiten wollen«, einig gehen könne, und beschrieb seine eigene Methode als eine des Ausgleichs zwischen den Extremen: »Ich wenigstens finde mein Heil nur in der Anschauung, die in der Mitte steht.«

Die *Anschauung* sollte demnach als Erkenntnisverfahren zwischen Deduktion und Induktion – oder in Goethes Begrifflichkeit: zwischen *Idee* und *Erfahrung* – vermittelnd wirken. Empirie wird nicht abgelehnt; sie bleibt die Grundlage der wissenschaftlichen Arbeit, aber sie soll, mit einem Goetheschen Lieblingsausdruck, »gesteigert« werden:

»Es gibt eine zarte Empirie, die sich mit dem Gegenstand innigst identisch macht und dadurch zur eigentlichen Theorie wird. Diese Steigerung des geistigen Vermögens aber gehört einer hochgebildeten Zeit an.«
(Sprüche in Prosa 2.30.1)
Doch auch wenn der Mensch manchmal dazu gelangt, »die Natur natürlich anzuschauen«, wie Goethe es vom Wolkenbestimmer Luke Howard angenommen hat, bleibt ein Vorbehalt. Goethe hat ihn in einer kritischen Maxime formuliert, die als Motto jeder Auseinandersetzung über wissenschaftliche Theorien vorangestellt werden müßte:
»Es sind immer nur unsere Augen, unsere Vorstellungs-Arten, die Natur weiß ganz allein was sie will, was sie gewollt hat.«
(Sprüche in Prosa 1.134.)
Damit relativiert Goethe auch die Ergebnisse seines eigenen Forschens und Denkens. Noch der 80jährige hat in einem Brief an den Freund Zelter den ihm eigentümlichen, das Subjekt und seine Geschichte einbeziehenden Ansatz gerechtfertigt und auch verallgemeinert, als er am 1. November 1829 über den Jahreskongreß der deutschen Naturforscher schrieb:
»... am meisten aber fordert mich auf dasjenige zu retten was ich für Naturkunde getan habe. Von den dreihundert Naturforschern, wie sie [in Heidelberg] zusammengekommen, ist keiner der nur die mindeste Annäherung zu meiner Sinnes Art hätte, und das mag ganz gut sein. Annäherungen bringen Irrungen hervor. Wenn man der Nachwelt etwas Brauchbares hinterlassen will, so müssen es Konfessionen sein, man muß sich als Individuum hinstellen wie man's denkt, wie man's meint, und die Folgenden mögen sich heraussuchen was ihnen gemäß ist und was im Allgemeinen gültig sein mag.«
Ein persönliches Bekenntnis steht somit am Schluß von Goethes Forscherleben. In einem Zeitalter, das absoluten Konzepten zu mißtrauen gelernt hat, muß die relativierende Sicht, die Goethe sowohl in die Methodik wie in die Darstellung der Naturwissenschaften eingeführt hat, wieder vermehrt Aufmerksamkeit finden. Die in diesem Band versammelten Texte Goethes sollen deshalb auch als Anregung zu eigenem »Heraussuchen« dienen.

Die Konfessionen
eines Naturforschers

Gelb: »Es ist die nächste Farbe am Licht … Sie führt in ihrer höchsten Reinheit immer die Natur des Hellen mit sich, und besitzt eine heitere, muntere, sanft reizende Eigenschaft.« (*Farbenlehre,* § 765 f.)

1. »Der zarte Punkt, aus dem das Leben sprang«*

Auf der Suche nach den Anfängen des Lebendigen

Glockentierchen unter dem Mikroskop, nach einer Skizze Goethes

* Faust II, V. 6840

Als Sohn einer wohlhabenden Bürgerfamilie am 28 August 1749 in Frankfurt am Main geboren, ist Johann Wolfgang Goethe der Umgang mit Naturphänomenen nicht in die Wiege gelegt worden. Zur ersten praktischen Beschäftigung mit natürlichen Phänomenen fand er im Winter 1768/69, als eine lebensbedrohliche Krankheit den 19jährigen Studenten der Jurisprudenz ins Elternhaus zurückzwang. Die Hoffnung auf Heilung durch selbst hergestellte alchemistische Mittel stand am Anfang seines Forschens.

Was er aus persönlicher Not begonnen hatte, wurde bald zu einer Beschäftigung, die tiefere Erkenntnisse über die Einrichtung der Welt versprach. Zusammen mit seiner Mutter und deren Freundin Susanna Katharina von Klettenberg las sich Goethe durch die einschlägige alchemistische und hermetische Literatur und unternahm selbst Experimente, um die Schöpfung im Kleinen nachzuvollziehen. Auch wenn er dabei nicht gerade erfolgreich war – der Glaube daran, daß das Leben eine Haupteigenschaft der Natur sei und Lebendiges daher immer von neuem entstehen könne, gehörte von nun an zu Goethes Grundüberzeugungen.

In Weimar befaßte sich Goethe nochmals intensiv mit dem Geheimnis des Lebens. Anstoß dazu bot vermutlich die enge Zusammenarbeit mit Johann Gottfried Herder, dessen Hauptwerk *Ideen zur Philosophie der Geschichte der Menschheit* (1784) eine ganze Entwicklungsgeschichte der Erde enthält. So begann Goethe im Frühling 1785 mit der Züchtung von Infusionstierchen. Die sich in Heuaufgüssen und anderen Flüssigkeiten entwickelnden Mikroorganismen schienen nach einer weit verbreiteten Ansicht jedesmal unmittelbar aus dem Wasser oder aus zersetzten Pflanzenteilen neu zu entstehen. Mit dem fluchtartigen Aufbruch nach Italien im September 1786 ließ Goethe diese Studien hinter sich, um sie nach der Rückkehr auch nicht wieder aufzunehmen.

Ähnlich verhielt es sich mit den »metallischen Vegetationen«, die Goethe gleichzeitig mit den Infusionstierchen zu studieren begonnen hatte. In Italien wurde ihm klar, daß das Wachstum der Pflanzen anderen Gesetzen gehorcht als das von anorganischen Körpern. »Ein Stein ist kein Baum, ein Baum kein Tier«: so lautete das kurze Fazit, das Goethe nach der Rückkehr aus Italien in seinem 1789 erschienenen Aufsatz *Naturlehre*

Der zarte Punkt, aus dem das Leben sprang

dazu zog. Von nun an widmete er sich der Erforschung komple-
xerer organischer Lebensformen.

Als der Chemiker Friedrich Wöhler im Jahre 1828 mit der Synthese von Harnstoff Furore machte, hat sich Goethe nochmals
zu den Anfängen des Lebendigen geäußert. Wöhlers Experiment ließ Spekulationen über die Möglichkeit der Erzeugung
künstlichen Lebens aufkommen, denn erstmals war es gelungen, einen organischen Stoff im Labor herzustellen. Goethes
Kommentar dazu findet sich im zweiten Teil des *Faust*: Famulus Wagner versucht sich im zweiten Akt des Dramas an der
Herstellung des Homunculus, was ihm jedoch trotz diskreter
Unterstützung durch Mephisto nur halbwegs gelingt.

Mitte des 19. Jahrhunderts konnte Louis Pasteur den Nachweis
erbringen, daß Leben nicht jederzeit durch die sogenannte »Ur-
zeugung«, also spontan aus toter Materie entstehen kann. Seit-
dem sieht sich die Wissenschaft mit der Frage konfrontiert, auf
welche Weise sich das erste Leben auf dem Planeten Erde entwickelt habe. Die Theorie der Selbstorganisation, nach der
die Natur zuerst einfache organische Moleküle und schließlich
selbstreproduzierende Systeme entstehen ließ, gilt als die wahr-
scheinlichste Hypothese. Der Weg von den chemischen Baustei-
nen des Lebens zu einem eigentlichen Gebäude, etwa zur
Lebensform eines Einzellers, ist aber noch unbekannt. Viele
»Wagners« sind zur Zeit in den Laboratorien der Welt darum
bemüht, das Rätsel der »chemischen Evolution« zu lösen.
Doch selbst das primitivste Bakterium besitzt einen Stoffwechsel, dessen Komplexität millionenfach über den Eigenschaften
eines Moleküls liegt. – Bis jetzt haben die Zweifel des alten
Goethe an den Fähigkeiten des menschlichen Erfindungsgeistes
recht behalten.

Auf der Suche nach
den Anfängen des
Lebendigen

23

1.1 Ein Stadtkind des Rokoko

In einer ansehnlichen Stadt geboren und erzogen, gewann ich meine erste Bildung in der Bemühung um alte und neuere Sprachen, woran sich früh rhetorische und poetische Übungen anschlossen. Hiezu gesellte sich übrigens alles was in sittlicher und religiöser Hinsicht den Menschen auf sich selbst hinweist.

Leipzig und Straßburg

Eine weitere Ausbildung hatte ich gleichfalls größeren Städten* zu danken, und es ergibt sich hieraus, daß meine Geistestätigkeit sich auf das gesellig Sittliche beziehen mußte und in Gefolg dessen auf das Angenehme, was man damals schöne Literatur nannte.

Von dem hingegen was eigentlich äußere Natur heißt, hatte ich keinen Begriff, und von ihren sogenannten drei Reichen nicht die geringste Kenntnis. Von Kindheit auf war ich gewohnt in wohleingerichteten Ziergärten den Flor der Tulpen, Ranunkeln und Nelken bewundert zu sehen; und wenn außer den gewöhnlichen Obstsorten auch Aprikosen, Pfirschen* und Trauben wohl gerieten, so waren dies genügende Feste den Jungen und den Alten. An exotische Pflanzen wurde nicht gedacht, noch viel weniger daran, Naturgeschichte in der Schule zu lehren.

Pfirsiche

Die ersten von mir herausgegebenen poetischen Versuche wurden mit Beifall aufgenommen, welche jedoch eigentlich nur den innern Menschen schildern, und von den Gemütsbewegungen genugsame Kenntnis voraussetzen. Hie und da mag sich ein Anklang finden von einem leidenschaftlichen Ergötzen an ländlichen Natur-Gegenständen*, so wie von einem ernsten Drange das ungeheure Geheimnis, das sich in stetigem Erschaffen und Zerstören an den Tag gibt, zu erkennen*, ob sich schon dieser Trieb in ein unbestimmtes, unbefriedigtes Hinbrüten zu verlieren scheint.

»Die Leiden des jungen Werthers«
»Urfaust«

In das tätige Leben jedoch sowohl als in die Sphäre der Wissenschaft trat ich eigentlich zuerst als der edle weimarische Kreis mich günstig aufnahm; wo außer andern unschätzbaren Vorteilen mich der Gewinn beglückte, Stuben- und Stadtluft mit Land-, Wald- und Garten-Atmosphäre zu vertauschen.

Aus: Der Verfasser teilt die Geschichte seiner botanischen Studien mit

Der zarte Punkt, aus dem das Leben sprang

24

Natur als Kulisse: Die Familie Goethe in Festkleidung, vom Darmstädter Hofmaler J. C. Seekatz in eine idyllische Landschaft versetzt. Das 1763 entstandene Gemälde zeigt von links nach rechts: Mutter Katharina Elisabeth, geb. Textor, Vater Johann Caspar, den vierzehnjährigen Johann Wolfgang und seine um ein Jahr jüngere Schwester Cornelia.

1.2 Die heimliche Geliebte

S. K. von Klettenberg
(1723-1774)

Meine Freundin*, welche eltern- und geschwisterlos in einem großen wohlgelegnen Hause wohnte, hatte schon früher angefangen, sich einen kleinen Windofen, Kolben und Retorten von mäßiger Größe anzuschaffen, und operierte ... besonders auf Eisen, in welchem die heilsamsten Kräfte verborgen sein sollten, wenn man es aufzuschließen wisse ...

Kaum war ich einigermaßen wieder hergestellt und konnte mich, durch eine bessere Jahreszeit begünstigt, wieder in meinem alten Giebelzimmer aufhalten; so fing auch ich an, mir einen kleinen Apparat zuzulegen ...

Was mich aber eine ganze Weile am meisten beschäftigte, war der sogenannte Liquor Silicum (Kieselsaft), welcher entsteht, wenn man reine Quarzkiesel mit einem gehörigen Anteil Alkali

Wasserglas

schmilzt, woraus ein durchsichtiges Glas* entspringt, welches an der Luft zerschmilzt und eine schöne klare Flüssigkeit darstellt. Wer dieses einmal selbst verfertigt und mit Augen gesehen hat, der wird diejenigen nicht tadeln, welche an eine jungfräuliche Erde und an die Möglichkeit glauben, auf und durch dieselbe weiter zu wirken. Diesen Kieselsaft zu bereiten hatte ich eine besondere Fertigkeit erlangt; die schönen weißen Kiesel, welche sich im Main finden, gaben dazu ein vollkommenes Material; und an dem übrigen so wie an Fleiß ließ ich es nicht fehlen: nur ermüdete ich doch zuletzt, indem ich bemerken mußte, daß das Kieselhafte keineswegs mit dem Salze so innig vereint sei, wie ich philosophischerweise geglaubt hatte: denn es schied sich gar leicht wieder aus, und die schönste mineralische Flüssigkeit, die mir einigemal zu meiner größten Verwunderung in Form einer animalischen Gallert erschienen war, ließ doch immer ein Pulver fallen, das ich für den feinsten Kieselstaub ansprechen mußte, der aber keineswegs irgend etwas Produktives in seiner Natur spüren ließ, woran man hätte hoffen können diese jungfräuliche Erde in den Mutterstand übergehen zu sehen.

So wunderlich und unzusammenhängend auch diese Operationen waren, so lernte ich doch dabei mancherlei. Ich gab genau

Der zarte Punkt, aus dem das Leben sprang

auf alle Krystallisationen Acht, welche sich zeigen mochten, und ward mit den äußeren Formen mancher natürlichen Dinge bekannt ...   *Aus: Dichtung und Wahrheit*

Allegorie der Alchemie aus dem 16. Jahrhundert mit typischen Geräten wie Ofen und Destillierkolben. Unter dem Einfluß einer Freundin seiner Mutter, der pietistisch-frommen Susanna Katharina von Klettenberg, begab sich der junge Goethe auf die Suche nach dem, was »die Welt im Innersten zusammenhält«, wie es später auch sein Faust tun sollte.

Uebermorgen ist mein Geburtstag; schweerlich wird eine neue Epoque von ihm angehen; dem sey wie ihm wolle so betet mit mir, für mich, dass alles werde, wie's werden soll.
Die Jurisprudenz fangt an mir sehr zu gefallen. So ist's doch mit allem wie mit dem Merseburger Biere, das erstemal schauert man, und hat man's eine Woche getruncken, so kann man's nicht mehr lassen. Und die Chymie ist noch immer meine heimlich Geliebte.
An Susanna Katharina von Klettenberg (Konzept), 26. Aug. ⟨1770⟩

Auf der Suche nach den Anfängen des Lebendigen

27

1.3 Tierische Tänze

Vorname Friedrich
Wilhelm, Mikroskopiker

Ein Mikroskop ist aufgestellt um die Versuche des v. Gleichen genannt Rußworm* mit Frühlings Eintritt nachzubeobachten und zu kontrollieren. Ich mag und kann Dir nicht vorerzählen worauf ich in allen Naturreichen ausgehe. Des stillen Chaos gar nicht zu gedenken das sich immer schöner sondert und im Werden reinigt.

An F. H. Jacobi, 12. 1. 1785

Mein Mikroskop bring ich mit, es ist die beste Zeit die Tänze der Infusionstierchen zu sehen. Sie haben mir schon großes Vergnügen gemacht.

An Charlotte von Stein, 27. 6. 1785

Ich bitte um Dein Mikroskop ich will es mit dem meinigen verbinden und einige Beobachtungen machen ich habe Infusions Tierchen von der schönsten Sorte.

An Charlotte von Stein, 16. 3. 1786

In einem Kartoffel-Aufguß entstandene Infusionstierchen, gezeichnet zu Goethes mikroskopischen Beobachtungen im Frühjahr 1786.

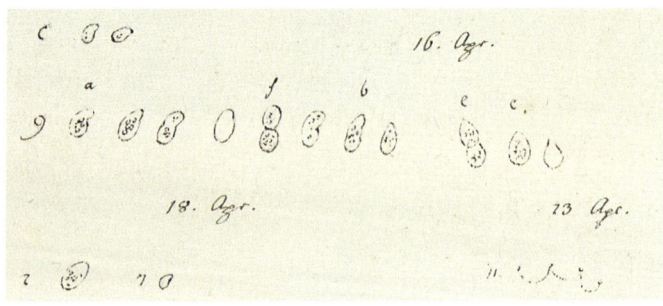

Ich lasse Infusionstierchen zeichnen.

An Charlotte von Stein, 8. 4. 1786

Ich hatte gestern abend das größte Verlangen Dich zu sehn, zumal da ich Dir die köstlichste Geschöpfe zu zeigen hatte . . . Ich habe nunmehr schon Tiere die sich den Polypen nahen, fressende Infusionstiere.

An Charlotte von Stein, Mitte April (?) 1786

Der zarte Punkt, aus dem das Leben sprang

Am 16. April beobachtete ich No. 9 die Erdäpfelinfusion. Sie hatte einen warmen Tag in der Sonne gestanden, es war abends gegen achte. Sie schienen mir nicht so lebhaft wie das vorige Mal besonders in den ersten Tropfen, in den folgenden zeigten sie sich schon muntrer. An Form hatten sie sich wenig verändert nur schienen sie mir etwas länglicher geworden zu sein Tab. II. fig. 9 b. Das sonderbarste daran war mir daß sie ein geselliges Wesen untereinander zu zeigen schienen. Auf Plätzen wo sie nicht mit der Gallerte bedeckt waren, sondern frei herum schwammen schienen sie sich gern beisammen zu halten. So waren ihrer wohl ein Dutzend die sich zusammen hielten, und wenn sie an einander stießen nicht wie andre Infusionstiere sich mit Heftigkeit auswichen, sie rutschten vielmehr sachte an einander hin, um einander herum, kehrten wieder, und schienen sich mit ihren vordern spitzen Enden zu beschnuppern, wenigstens würde ihre Art sich gegen einander zu verhalten weit organisiertern Tieren wohl angestanden haben. Der schönen hellen Markbläschen waren viel weniger geworden. Ich tat einen Tropfen der Pfeffer-Infusion zu der Kartoffel-Infusion, einige Augenblick bewegten sich die Kartoffeltierchen sehr lebhaft, schwammen auf der Seite, und schienen sehr unruhig. Ich konnte die Pfeffertierchen als lebhafte schwarze Pünktchen in dem Tropfen gar deutlich herumzittern sehn. Die Kartoffeltierchen wurden von Zeit zu Zeit stiller, zogen ihre bewegliche Gestalt in eine rundlichere zusammen und lagen unbeweglich für tot da, Tab II fig. 9 c, auch bemerkte ich wieder 2 aneinander geschlossen, fig. 9 e, wie ich das vorige Mal fig. 9.f. auch schon beobachtet hatte, als ich von der Pilz-Infusion einen Tropfen zu der Erdäpfel-Infusion getan hatte. Ein Tropfen frisches Wassers brachte die noch lebenden wieder in heftige Bewegung ob ich gleich nicht sagen kann daß von denen Toten sich einer wieder gerührt hatte.

Aus: Infusions-Tiere ⟨1786⟩

*Auf der Suche nach
den Anfängen des
Lebendigen*

1.4 Der Baum der Diana

> In meiner Stube keimt Arbor Dianae und andre metallische Vegetationen.
> *An F. H. Jacobi, 12. 1. 1785*

Sie rühmen mir, teurer Freund, die Schönheit Ihrer gefrornen Fensterscheiben, und können mir nicht genug ausdrücken, wie diese vorübergehende Erscheinungen sich bei strenger anhaltender Kälte, und bei dem Zuflusse von mancherlei Dünsten, zu Blättern, Zweigen, Ranken, ja sogar zu Rosen bilden. Sie schicken mir einige Zeichnungen, die mich an das Schönste, was ich in dieser Art gesehen, erinnern, und durch die besondere Zierlichkeit der Gestalten in Verwunderung setzen. Nur scheinen Sie mir diesen Würkungen der Natur zu viel Wert zu geben; Sie möchten gern diese Kristallisationen zum Range der Vegetabilien* erheben. Das was Sie für Ihre Meinung anführen, ist sinnreich genug, und wer würde leugnen, daß alle existierende Dinge unter sich Verhältnisse haben.

Pflanzen

Aber erlauben Sie mir zu bemerken, daß diese Art zu betrachten und aus den Betrachtungen zu folgern, für uns Menschen gefährlich ist.

Wir sollten, dünkt mich, immer mehr beobachten, worin sich die Dinge, zu deren Erkenntnis wir gelangen mögen, von einander unterscheiden, als wodurch sie einander gleichen. Das Unterscheiden ist schwerer, mühsamer, als das Ähnlichfinden, und wenn man recht gut unterschieden hat, so vergleichen sich alsdann die Gegenstände von selbst. Fängt man damit an, die Sachen gleich oder ähnlich zu finden, so kommt man leicht in den Fall, seiner Hypothese oder seiner Vorstellungsart zu lieb Bestimmungen zu übersehen, wodurch sich die Dinge sehr von einander unterscheiden.

… eben so ist es in natürlichen Dingen: die Gipfel der Reiche der Natur sind entschieden von einander getrennt und aufs deutlichste zu unterscheiden. Ein Salz ist kein Baum, ein Baum kein Tier; hier können wir die Pfähle feststecken, wo uns die Natur den Platz selbst angewiesen hat. Wir können sodann nur desto sicherer von diesen Höhen in ihre gemeinschaftliche Täler heruntersteigen, und auch diese recht genau durchsuchen und durchforschen.

Der zarte Punkt, aus dem das Leben sprang

30

Da wir nicht mit wenig viel tun können, so muß es uns nicht verdrießen, mit vielem wenig zu tun; und wenn der Mensch die ganze Natur nicht einmal in einem dunkeln Gefühl umfassen kann, so kann er doch vieles in ihr erkennen und wissen.

Die Wissenschaft ist eigentlich das Vorrecht des Menschen; und wenn er durch sie immer wieder auf den großen Begriff geleitet wird: daß das alle nur ein harmonisches Eins, und er doch auch wieder ein harmonisches Eins sei: so wird dieser große Begriff weit reicher und voller in ihm stehen, als wenn er in einem bequemen Mystizismus ruhte, der seine Armut gern in einer respektablen Dunkelheit verbirgt.

Aus: Naturlehre

Metallische Vegetationen des französischen Chemikers Nicolas Lémery (1707), wie sie Goethe auch verfertigt hat. Die Kristalle, die sich aus wäßriger Lösung von Metallsalzen zu baumartigen Konfigurationen ausbilden, waren seit dem Mittelalter bekannt. Sie galten lange als Übergangsformen vom Mineral- zum Pflanzenreich.

*Auf der Suche nach
den Anfängen des
Lebendigen*

1.5 Homunculus und die Urzeugung

LABORATORIUM
im Sinne des Mittelalters, weitläufige, unbehülfliche Apparate,
zu phantastischen Zwecken

WAGNER *am Herde*
Die Glocke tönt, die fürchterliche
Durchschauert die berußten Mauern.
Nicht länger kann das Ungewisse
Der ernstesten Erwartung dauern.
Schon hellen sich die Finsternisse;

retortenähnliche
Glasflasche
Edelstein

Schon in der innersten Phiole*
Erglüht es wie lebendige Kohle,
Ja wie der herrlichste Karfunkel*,
Verstrahlend Blitze durch das Dunkel;
Ein helles weißes Licht erscheint!
O daß ich's diesmal nicht verliere! –
Ach Gott! was rasselt an der Türe?
MEPHISTOPHELES *eintretend*
Willkommen! es ist gut gemeint.
WAGNER *ängstlich*
Willkommen! zu dem Stern der Stunde.
                    Leise
Doch haltet Wort und Atem fest im Munde,
Ein herrlich Werk ist gleich zu Stand gebracht.
MEPHISTOPHELES *leiser*
Was gibt es denn?
WAGNER *leiser*
                    Es wird ein Mensch gemacht.
MEPHISTOPHELES
Ein Mensch? Und welch verliebtes Paar
Habt ihr in's Rauchloch eingeschlossen?
WAGNER
Behüte Gott! wie sonst das Zeugen Mode war
Erklären wir für eitel Possen.

Der zarte Punkt, aus
dem das Leben sprang

Der zarte Punkt aus dem das Leben sprang,
Die holde Kraft die aus dem Innern drang
Und nahm und gab, bestimmt sich selbst zu zeichnen,
Erst Nächstes, dann sich Fremdes anzueignen,

Die ist von ihrer Würde nun entsetzt*;
Wenn sich das Tier noch weiter dran ergötzt,
So muß der Mensch mit seinen großen Gaben
Doch künftig höhern, höhern Ursprung haben.
abgesetzt
       Zum Herd gewendet
Es leuchtet! seht! – Nun läßt sich wirklich hoffen
Daß, wenn wir aus viel hundert Stoffen,
Durch Mischung, denn auf Mischung kommt es an,
Den Menschenstoff gemächlich komponieren,
In einen Kolben verlutieren*
Und ihn gehörig kohobieren*,
So ist das Werk im Stillen abgetan.
       zum Herd gewendet
Es wird! die Masse regt sich klarer,
Die Überzeugung wahrer, wahrer:
Was man an der Natur geheimnisvolles pries,
Das wagen wir verständig zu probieren,
Und was sie sonst organisieren ließ,
Das lassen wir kristallisieren.

MEPHISTOPHELES
Wer lange lebt hat viel erfahren,
Nichts Neues kann für ihn auf dieser Welt geschehn,
Ich habe schon, in meinen Wanderjahren,
Kristallisiertes Menschenvolk gesehn.

WAGNER *bisher immer aufmerksam auf die Phiole*
Es steigt, es blitzt, es häuft sich an,
Im Augenblick ist es getan.
Ein großer Vorsatz scheint im Anfang toll,
Doch wollen wir des Zufalls künftig lachen,
Und so ein Hirn, das trefflich denken soll,
Wird künftig auch ein Denker machen.
       Entzückt die Phiole betrachtend
Das Glas erklingt von lieblicher Gewalt,
Es trübt, es klärt sich; also muß es werden!
Ich seh' in zierlicher Gestalt
Ein artig Männlein sich gebärden.
Was wollen wir, was will die Welt nun mehr?
Denn das Geheimnis liegt am Tage.
Gebt diesem Laute nur Gehör,
Er wird zur Stimme, wird zur Sprache.

abgesetzt

luftdicht verschließen
mehrfach destillieren

*Auf der Suche nach
den Anfängen des
Lebendigen*

33

Fausts Famulus Wagner als Erzeuger des Homunculus; Farbstiftzeichnung von Franz Stassen (1945). Das künstliche Geistwesen, mit diskreter Nachhilfe Mephistos zustande gekommen, kann außerhalb des Reagenzglases nicht existieren. Einen Körper erhält Homunculus erst auf dem Weg der Natur.

HOMUNCULUS *in der Phiole zu Wagner*
  Nun Väterchen! wie stehts? es war kein Scherz.
  Komm, drücke mich recht zärtlich an dein Herz,
  Doch nicht zu fest, damit das Glas nicht springe.
  Das ist die Eigenschaft der Dinge:
  Natürlichem genügt das Weltall kaum,
  Was künstlich ist, verlangt geschloßnen Raum.

KLASSISCHE WALPURGISNACHT
Felsbuchten des ägäischen Meers
Mond im Zenit verharrend

PROTEUS
  Ein leuchtend Zwerglein! Niemals noch gesehn!
  Doch gilt es hier nicht viel Besinnen,
  Im weiten Meere mußt du anbeginnen!
  Da fängt man erst im Kleinen an
  Und freut sich Kleinste zu verschlingen,
  Man wächst so nach und nach heran,
  Und bildet sich zu höherem Vollbringen.

Der zarte Punkt, aus dem das Leben sprang

34

. . .
Dich trägt ins ewige Gewässer
Proteus-Delphin.

er verwandelt sich
Schon ists getan!
Da soll es Dir zum schönsten glücken,
Ich nehme dich auf meinen Rücken
Vermähle dich dem Ozean.

THALES
Gib nach dem löblichen Verlangen
Von vorn die Schöpfung anzufangen,
Zu raschem Wirken sei bereit!
Da regst du dich nach ewigen Normen,
Durch tausend abertausend Formen,
Und bis zum Menschen hast du Zeit.
Aus: Faust II, 2. Akt: V. 6819 ff. und V. 8245 ff.

. . . es sind vierzig Jahre verflossen, seit ich mich auch um jene geheimnisvollen Tiefen* bemühte, als ein treffliches Mikroskop auf einer Reise mir dergestalt beschädigt wurde, daß eine verspätete und nicht einmal glückliche Wiederherstellung mich von ganz andern Beschäftigungen und Neigungen befangen antraf, und ich bisher alle einzelnen Versuche mich wieder dorthin zu begeben vereitelt sah.

Nun aber kann ich mit größter Bequemlichkeit und Klarheit mich wieder ungescheut in solche Abgründe wagen, deren Schätze Sie uns zugänglich an das Tageslicht hervorheben.

Sehr schön und tröstlich für denjenigen, der im Allgemeinen einen ewigen Zusammenhang zu finden glaubt, ist die Bemerkung, daß in dem Wasser unter allen Himmelsstrichen sich gleiche einfache Gestalten hervortun, die sich denn hernach durch Entwicklung und Assimilation*, als den Haupt-Wirksamkeiten des Lebendigen, auf das wunderbarste vermannichfaltigen mögen. Haben Sie Dank für die Fazilität*, wie wir uns diese Geschöpfe näher gebracht sehen.
An Ch. G. Ehrenberg (Konzept), 6. 11. 1830

Ehrenberg untersuchte die geogr. Verbreitung von Infusionstierchen

Nahrungsverwertung

Gewandtheit

Auf der Suche nach den Anfängen des Lebendigen

Orangerot: »Das Rotgelbe gibt eigentlich dem Auge das Gefühl von Wärme und Wonne, indem es die Farbe der höhern Glut, so wie den mildern Abglanz der untergehenden Sonne repräsentiert ... Das angenehme heitre Gefühl, das uns das Rotgelbe noch gewährt, steigert sich bis zum unerträglich Gewaltsamen im hohen Gelbroten.« (*Farbenlehre*, § 773 f.)

2. »Tiergeripp' und Totenbein«[*]

Goethe entdeckt den Zwischenkieferknochen beim Menschen

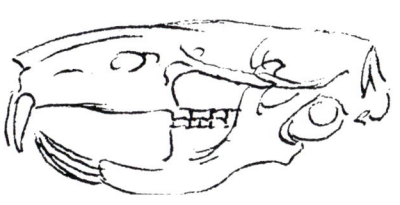

Schädel eines Nagetiers, nach einer Skizze Goethes

[*] Faust I, V. 417

Goethes Interesse an vergleichender Anatomie wurde durch den Zeichenunterricht geweckt, den er im Jahre 1781 begonnen hat. Doch schon vorher zeigte er als Mitarbeiter an Johann Caspar Lavaters *Physiognomischen Fragmenten zur Beförderung der Menschenkenntnis und Menschenliebe* (1775-78) ein naturkundliches Interesse an Formvergleichen, wie ein Beitrag über Tierschädel aus seiner Feder beweist.

Die Frage nach der Stellung des Menschen in der Natur beschäftigte das 18. Jahrhundert in besonderem Maße, waren doch mit den zunehmenden Nachrichten über die in Afrika und Asien lebenden Menschenaffen die anatomischen Unterschiede zwischen Mensch und Tier immer fragwürdiger geworden. Hirnvolumen und aufrechter Gang, die den *Homo sapiens* am deutlichsten von den übrigen Primaten unterscheiden, waren eben nicht analytisch exakt zu erfassen. So war man froh, als der berühmte holländische Anatom Peter Camper den Zwischenkieferknochen (*Os intermaxillare*) als ein Merkmal bestimmte, das dem Menschen im Gegensatz zum Affen fehle.

Goethe besuchte seit dem Winter 1781/82 Vorlesungen und Übungen beim Jenaer Anatomieprofessor Justus Loder. Dabei lernte er Campers Lehrmeinung als allgemein anerkannte Tatsache kennen. Tatsächlich ist in der Frontalansicht am menschlichen Oberkiefer nie eine Knochennaht erkennbar, wie sie bei Affen deutlich sichtbar von der Nasenwurzel bis zum Eckzahn verläuft. Beim Vergleich von Tier- und Menschenschädeln stieß Goethe im März 1784 aber auf Nahtspuren an der Unterseite des menschlichen Gaumens, die für ihn auf ein rudimentäres Vorhandensein des Zwischenkieferknochens auch beim Menschen deuteten.

Der wissenschaftliche Aufsatz, den Goethe sogleich über seine Entdeckung ausarbeitete und an Camper senden ließ, fand zu seiner großen Enttäuschung kein positives Echo. Hauptgrund dafür war die unterschiedliche Interessenlage: Die Fachgelehrten waren an der Definition analytischer Merkmale interessiert, um klare Unterschiede zwischen den Gattungen und Arten feststellen zu können. Goethe jedoch suchte und fand Hinweise für die geschwisterliche Verwandtschaft zwischen allen Wesen, wie sie Herders *Ideen zur Philosophie der Geschichte der Menschheit* bereits theoretisch vorweggenommen hatten. Goethe und Herder waren davon überzeugt, daß der

Tiergeripp' und Totenbein

Mensch als letztes Geschöpf in einer Stufenfolge der Natur entstanden war, nach dem gleichen Bauplan und aus dem gleichen »Urschlamm« der Erde wie die Tiere, seine »älteren Brüder«. Philosophische Unterstützung für diese Sicht der Natur, die keines außerweltlichen Schöpfers mehr bedurfte, fanden sie im pantheistischen System Spinozas.

Obwohl Goethe nie eine Abstammungsverwandtschaft des Menschen mit den Affen behauptet hatte, wie sie bei französischen Aufklärern bereits diskutiert worden war, lehnte Peter Camper Goethes Aufsatz auch aus religiösen Bedenken ab. Die mit Goethe persönlich bekannten maßgeblichen deutschen Professoren Samuel Thomas Sömmerring und Johann Friedrich Blumenbach blieben ebenfalls bei der hergebrachten Lehrmeinung. Erst Jahrzehnte später haben sie den menschlichen Zwischenkiefer halbherzig anerkannt, obwohl Goethe mit seiner Entdeckung nicht ganz allein stand: Wenige Jahre vor ihm hatte der französische Anatom Félix Vicq d'Azyr schon dasselbe behauptet.

Die heutigen naturwissenschaftlichen Vergleiche zwischen Mensch und Tier sind von der Evolutionstheorie geprägt, die Charles Darwin 1859 veröffentlicht hat. Sie erklärt die Ähnlichkeiten im Knochenbau aus gemeinsamer Abstammung. Die paläontologischen Funde der letzten Jahrzehnte machen einen kontinuierlichen Übergang von affenähnlichen Wesen (*Australopithecinen*) zum Menschen wahrscheinlich, der vor etwas mehr als 2 Millionen Jahren in Afrika stattfand. Auch hierbei ist allerdings die anatomische Abgrenzung der Gattung *Homo* ein Definitionsproblem geblieben.

2.1 Der Physiognom von Zürich

In Zürich angelangt gehörte ich Lavatern, dessen Gastfreundschaft ich wieder ansprach, die meiste Zeit ganz allein. Die Physiognomik lag mit allen ihren Gebilden und Unbilden dem trefflichen Manne mit immer sich vermehrenden Lasten auf den Schultern. Wir verhandelten alles den Umständen nach gründlich genug, und ich versprach ihm dabei nach meiner Rückkehr die bisherige Teilnahme.

Hiezu verleitete mich das jugendlich unbedingte Vertrauen auf eine schnelle Fassungskraft, mehr noch das Gefühl der willigsten Bildsamkeit; denn eigentlich war die Art womit Lavater die Physiognomien zergliederte nicht in meinem Wesen.

Keineswegs im Stande etwas methodisch anzufassen, griff er das Einzelne einzeln sicher auf, und so stellte er es auch kühn nebeneinander. Sein großes physiognomisches Werk ist hiervon ein auffallendes Beispiel und Zeugnis. In ihm selbst mochte wohl der Begriff des sittlichen und sinnlichen Menschen ein Ganzes bilden, aber außer sich wußte er ihn nicht darzustellen, als nur wieder praktisch im Einzelnen, so wie er das Einzelne im Leben aufgefaßt hatte ... Eben daher konnte er niemals auf Resultate losgehn, um die ich ihn öfters und dringend bat. Was er als solche in späterer Zeit Freunden vertraulich mitteilte, waren für mich keine: denn sie bestanden aus einer Sammlung von gewissen Linien und Zügen, ja Warzen und Leberflecken, mit denen er bestimmte sittliche öfters unsittliche Eigenschaften verbunden gesehn. Es waren darunter Bemerkungen zum Entsetzen; allein es machte keine Reihe, alles stand vielmehr zufällig durcheinander, nirgends war eine Anleitung zu sehn, oder eine Rückweisung zu finden.
Aus: Dichtung und Wahrheit

Der Geschlechtsunterschied des Menschen von den Tieren bezeichnet sich schon lebhaft im Knochenbau. Wie unser Haupt auf Rückenmark und Lebenskraft aufsitzt! Wie die ganze Gestalt als Grundpfeiler des Gewölbes dasteht, in dem sich der Himmel bespiegeln soll! Wie unser Schädel sich wölbt, gleich dem Himmel über uns, damit das reine Bild der ewigen Sphären drinnen kreisen könne! Wie dieser Behälter des Gehirns den

Tiergeripp' und Totenbein

Johann Caspar Lavater (1741-1801), Verfasser der Physiognomischen Fragmente. *Goethe besuchte den berühmten Schweizer Theologen 1775 in Zürich und übernahm die Redaktion des Werkes, doch erkannte er bald die Fragwürdigkeit der physiognomischen Methodik.*

*Goethe entdeckt den
Zwischenkieferknochen
beim Menschen*

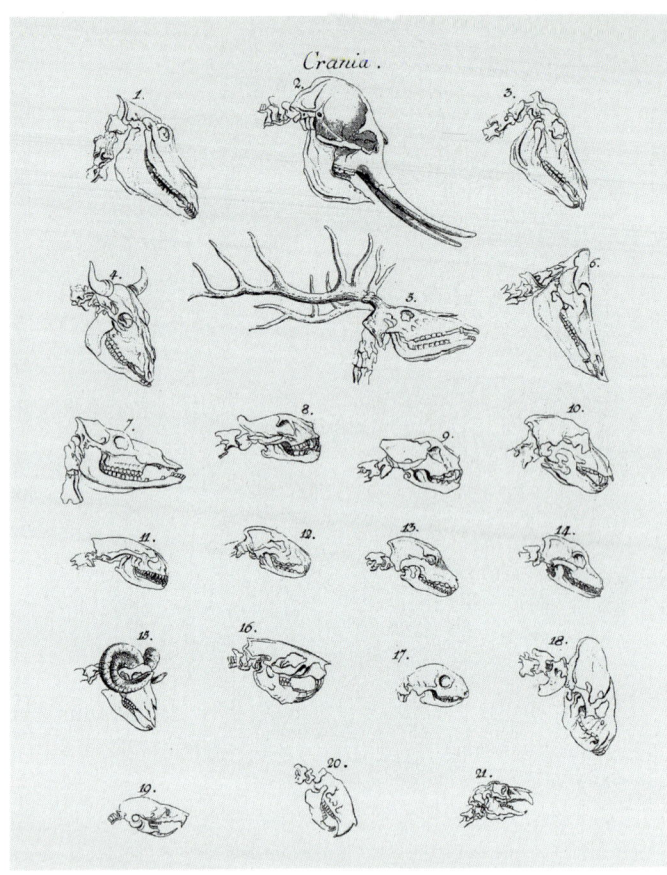

Als Mitarbeiter an Lavaters großem physiognomischem Werk hat sich Goethe erstmals im Vergleichen von Knochenformen geübt, und zwar anhand
dieser Tafel mit 21 Tierschädeln aus Buffons Histoire naturelle. Die Osteologie (Knochenlehre) sollte ihn auch später immer wieder beschäftigen,
weil er im Skelett die Grundlage der Tiergestalt erblickte.

Tiergeripp' und
Totenbein

größten Teil unsers Kopfes ausmacht! Wie über den Kiefern alle Empfindungen auf- und absteigen und sich auf den Lippen versammeln! Wie das Auge das beredteste von allen Organen, wo nicht Worte, doch bald der freundlichen Liebehingegebenheit, bald der grimmigen Anstrengung der Wangen, und aller Abschattungen dazwischen bedarf, um auszudrücken, ach nur um zu stammeln, was die innersten Tiefen der Menschheit durchdringt!

Und wie nun der Tierbau gerade das Gegenteil davon ist. Der Kopf an den Rückgrat nur angehängt! das Gehirn, Ende des Rückenmarks, hat nicht mehr Umfang, als zu Auswürkung der Lebensgeister, und zu Leitung eines ganz gegenwärtig sinnlichen Geschöpfes nötig ist. Denn ob wir ihnen gleich Erinnerung und überlegte Entscheidung nicht absprechen können, so liegt jene doch eher, ich möchte sagen in primis viis* der Sinne, und diese entspringt aus dem Drange des Augenblicks, und dem Übergewichte eines oder des andern Gegenstandes.

auf den ersten Wegen

Schnauze und Rachen sind die vorzüglichsten Teile eines Kopfs, der meist zum Spüren, Kauen und Schlingen da ist. Die Muskeln sind flach und fest gespannt, mit einer groben rauhen Haut überzogen, alles reineren Ausdruckes unfähig.

Hier nichts weiter davon, denn ich bedenke, daß ich nur von Schädeln zu reden habe.

An ihrem Unterschiede, der den bestimmten Charakter der Tiere bezeichnet, kann man am stärksten sehen, wie die Knochen die Grundfesten der Bildung sind und die Eigenschaften eines Geschöpfes umfassen.

Unter allen – wie zeichnet sich 2. der *Elefant* aus! am meisten Schädel, am meisten Hinterhaupt, und am meisten Stirn – wie wahrer natürlicher Ausdruck von Gedächtnis, Verstand, Klugheit, Kraft, und – Delikatesse.

Aus: ⟨Naturgeschichtlicher Beitrag zu Lavaters Physiognomischen Fragmenten⟩

Goethe entdeckt den Zwischenkieferknochen beim Menschen

2.2 Anatomische Lektionen

Gestern haben die Ratten zu maneuvriren angefangen; da ich nun auf alle solche inn- und ausländische Tiere sehr präparirt bin, hab ich mich sogleich einiger bemächtigt, sie secirt um ihren innern Bau kennen zu lernen, die andern hab ich wohl beobachtet und ihre art die Schwänze zu tragen bemerckt, daß ich gute phisiologische Rechenschafft davon werde geben können. Ich hoffe in diesen wenigen Tagen noch einige Scenen, um die Erscheinung recht rund zu kriegen. Ich erstaune wie das plumpste so fein, und das feinste so plump zusammenhängt. So still bin ich lang nicht gewesen, und wenn das Auge Licht *und umgekehrt* ist wird der ganze Körper licht seyn et vice versa*.
An Charlotte von Stein, 11. 3. 1781

Loder ist das geschäfftigste und gefälligste Wesen von der Welt ... Mir hat er in diesen 8 Tagen, die wir ... fast ganz dazu *Muskellehre* anwanden, Osteologie und Müologie* durch demonstrirt. Zwey Unglückliche waren uns eben zum Glück gestorben die wir denn auch ziemlich abgeschält und ihnen von dem sündigen Fleische geholfen haben.
An Herzog Carl August, 4. 11. 1781

Auf unserer Zeichenakademie habe ich mir diesen Winter vorgenommen mit den Lehrern und Schülern den Knochenbau des menschlichen Körpers durchzugehen, sowohl um ihnen als mir zu nutzen, sie auf das Merkwürdige dieser einzigen Gestalt zu führen und sie dadurch auf die erste Stufe zu stellen, das Bedeutende in der Nachahmung sichtlicher Dinge zu erkennen und zu suchen. Zugleich behandle ich die Knochen als einen Text, woran sich alles Leben und alles Menschliche anhängen läßt ...
An Lavater, 14. 11. 1781

Ich weiß meine Osteologie auf den Fingern auswendig herzusagen und bei jedem Tierskelet die Teile nach den Namen, welche man den menschlichen beigelegt hat, sogleich zu finden und zu *Tiergeripp' und* vergleichen. Es macht mir ein großes Vergnügen und du wirst *Totenbein* wohl tun, mich manchmal damit zu unterhalten.
An J. H. Merck, 27. 10. 1782

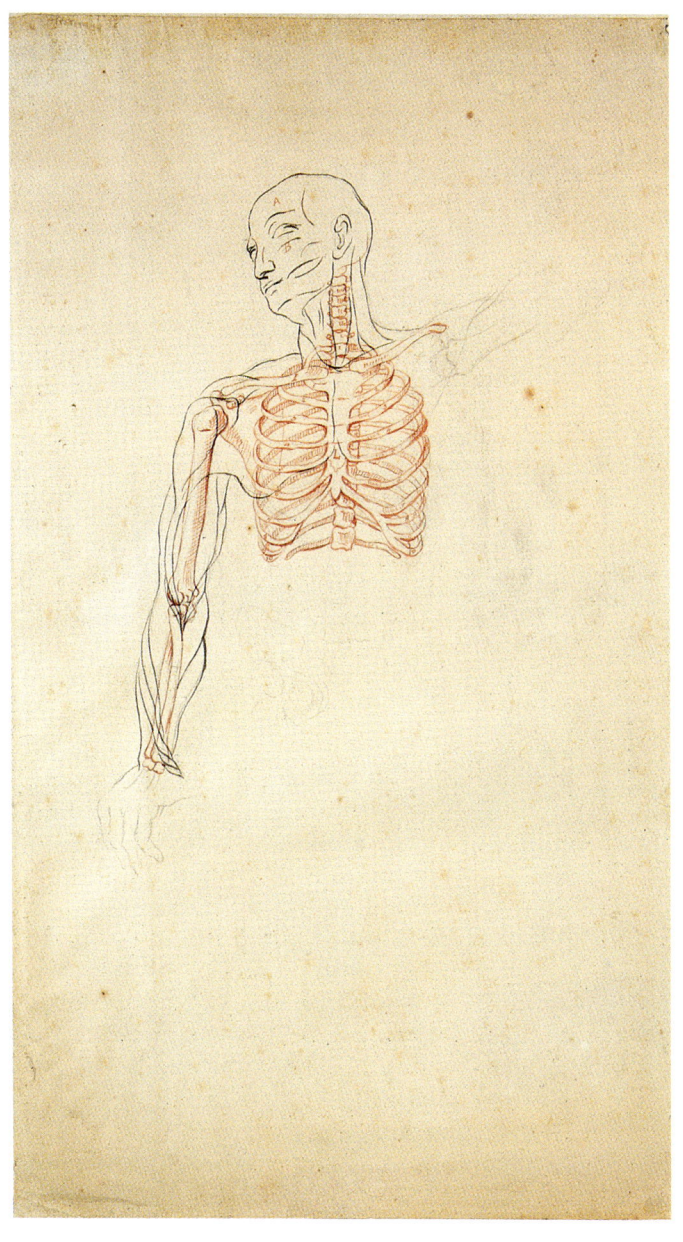

Seine Kenntnisse in Anatomie gewann Goethe in Vorlesungen und durch das Lernen nach Buchvorlagen, wie diese Nachzeichnung eines männlichen Oberkörpers dokumentiert. Er sezierte aber auch eigenhändig Tiere und Menschen.

Goethe entdeckt den Zwischenkieferknochen beim Menschen

Johann Gottfried Herder (1744-1803) gehört zu den Pionieren in der historischen Betrachtungsweise von Natur und Menschheitsgeschichte. Die Diskussionen mit dem eher theoretisch ausgerichteten Theologen und Schriftsteller förderten Goethes Weg zu einem entwicklungsorientierten Naturbild.

2.3 Von Affen und Menschen

nach Luk. 15,6   Nach Anleitung des Evangelii* muß ich Dich auf das eiligste mit einem Glücke bekannt machen, das mir zugestoßen ist. Ich habe gefunden – weder Gold noch Silber, aber was mir eine unsägliche Freude macht –

das os intermaxillare am Menschen!

Ich verglich mit Lodern Menschen- und Tierschädel, kam auf die Spur und siehe da ist es. Nur bitt ich Dich, laß Dich nichts *Tiergeripp' und* merken, denn es muß geheim behandelt werden. Es soll Dich *Totenbein* auch recht herzlich freuen, denn es ist wie der Schlußstein zum Menschen, fehlt nicht, ist auch da! Aber wie! Ich habe

46

mirs auch in Verbindung mit Deinem Ganzen ⟨Herder, *Ideen*⟩ gedacht, wie schön es da wird.

An Herder, 27. (?) 3. 1784

Es ist mir ein köstliches Vergnügen geworden, ich habe eine anatomische Entdeckung gemacht die wichtig und schön ist. Du sollst auch Dein Teil dran haben. Sage aber niemand ein Wort. Herdern kündigets auch ein Brief unter dem Siegel der Verschwiegenheit an. Ich habe eine solche Freude, daß sich mir alle Eingeweide bewegen.

An Charlotte von Stein, 27. (?) 3. 1784

Mir geht es gut und freudig in der weiteren Ausarbeitung des Knöchleins. Wir haben Löwen und Walrosse gefunden und mehr Interessantes. Es wird aber nicht so auf Einen Ruck gehn wie ich dachte und uns weiter führen.

An Charlotte von Stein, 13. 4. (?) 1784

Hier schicke ich Dir endlich die Abhandlung aus dem Knochenreiche, und bitte um Deine Gedanken drüber. Ich habe mich enthalten das Resultat, worauf schon Herder in seinen Ideen deutet, schon jetzo merken zu lassen, daß man nämlich den Unterschied des Menschen vom Tier in nichts Einzelnem finden könne. Vielmehr ist der Mensch aufs nächste mit den Tieren verwandt. Die Übereinstimmung des Ganzen macht ein jedes Geschöpf zu dem was es ist, und der Mensch ist Mensch sogut durch die Gestalt und Natur seiner obern Kinnlade, als durch Gestalt und Natur des letzten Gliedes seiner kleinen Zehe *Mensch*. Und so ist wieder jede Kreatur nur ein Ton eine Schattierung einer großen Harmonie, die man auch im ganzen und großen studieren muß sonst ist jedes Einzelne ein toter Buchstabe.

An Knebel, 17. 11. (?) 1784

Einige Versuche osteologischer Zeichnungen sind hier in der Absicht zusammen gehestet worden, um Kennern und Freunden vergleichender Zergliederungskunde eine kleine Entdeckung vorzulegen, die ich glaube gemacht zu haben.

Bei Tierschädeln fällt es gar leicht in die Augen, daß die obere Kinnlade aus mehr als einem Paar Knochen bestehet. Ihr vorderer Teil wird durch sehr sichtbare Nähte und Harmonien* mit dem hinteren Teile verbunden und macht ein Paar besondere Knochen aus.

Dieser vorderen Abteilung der oberen Kinnlade ist der Name Os intermaxillare gegeben worden. Die Alten kannten schon diesen Knochen und neuerdings ist er besonders merkwürdig geworden, da man ihn als ein Unterscheidungszeichen zwischen dem Affen und Menschen angegeben. Man hat ihn jenem Geschlechte zugeschrieben, diesem abgeleugnet, und wenn in natürlichen Dingen nicht der Augenschein überwiese, so würde ich schüchtern sein, aufzutreten und zu sagen daß sich diese Knochenabteilung gleichfalls bei dem Menschen finde.

Ich will mich so kurz als möglich fassen, weil durch bloßes Anschauen und Vergleichen mehrerer Schädel eine ohnedies sehr einfache Behauptung geschwinde beurteilt werden kann.

Der Knochen von welchem ich rede hat seinen Namen daher erhalten, daß er sich zwischen die beiden Hauptknochen der oberen Kinnlade hinein schiebt. Er ist selbst aus zwei Stücken zusammen gesetzt, die in der Mitte des Gesichtes an einander stoßen.

Er ist bei verschiedenen Tieren von sehr verschiedener Gestalt, und verändert, je nachdem er sich vorwärts streckt oder sich zurücke zieht, sehr merklich die Bildung.

Welch eine Kluft von dem Os intermaxillare der Schildkröte und des Elefanten, und doch läßt sich eine Reihe Wesen dazwischen stellen die beide verbindet. Das was an ganzen Körpern niemand leugnet, könnte man hier an einem kleinen Teile zeigen.

Man mag die lebendigen Wirkungen der Natur im ganzen und großen übersehen oder man mag die Überbleibsel ihrer entflohenen Geister zergliedern: sie bleibt immer gleich und immer mehr bewundernswürdig.

Auch würde die Naturgeschichte einige Bestimmungen da-

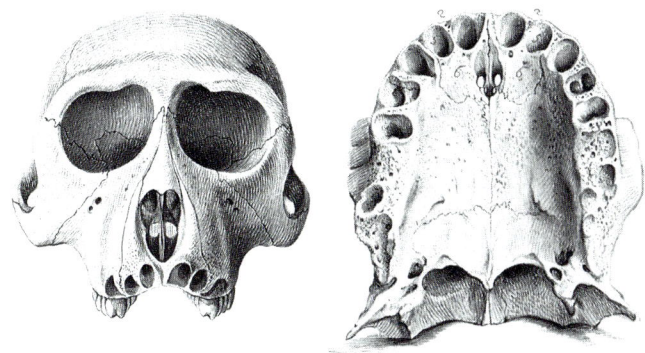

Zwei der Illustrationen, die Goethe für seinen ersten wissenschaftlichen Aufsatz 1784 vom jungen Zeichner Waitz herstellen ließ. Links ein Affenschädel von vorn mit deutlich sichtbarer Zwischenkiefernaht, rechts ein menschlicher Gaumen von unten mit der Naht hinter den Schneidezähnen, die das Vorhandensein eines rudimentären Zwischenkieferknochens beweist.

durch erhalten. Da es ein Hauptkennzeichen unseres Knochens ist, daß er die Schneidezähne enthält: so müssen umgekehrt auch die Zähne die in denselben eingefügt sind als Schneidezähne gelten. Dem Trichechus rosmarus* und dem Kamele Walroß hat man sie bisher abgesprochen und ich müßte mich sehr irren, wenn man nicht jenem vier und diesem zwei zueignen könnte. Und so beschließe ich diesen kleinen Versuch mit dem Wunsche, daß er Kennern und Freunden der Naturlehre nicht mißfallen und mir Gelegenheit verschaffen möge, näher mit ihnen verbunden, in dieser reizenden Wissenschaft, so viel es die Umstände erlauben, weitere Fortschritte zu tun.

Aus: Versuch aus der vergleichenden Knochenlehre daß der Zwischenknochen der obern Kinnlade dem Menschen mit den übrigen Tieren gemein sei

Goethe entdeckt den Zwischenkieferknochen beim Menschen

2.4 Der Elefant in der Porzellankiste

Die Zoologie macht mir manche angenehme Stunde und Sie könnten dieselben sehr vermehren, wenn Sie mir den Schädel Ihres Elefanten-Skelettes nur auf vier Wochen borgen wollten, er sollte auf das gewissenhafteste verwahrt werden.
An Sömmerring, 14. 5. 1784

Zu meiner großen Freude ist der Elefanten Schädel von Kassel hier ⟨in Eisenach⟩ angekommen und was ich suche ist über meine Erwartung daran sichtbar. Ich halte ihn im innersten Zimmerchen versteckt damit man mich nicht für toll halte. Meine Hauswirtin glaubt es sei Porzellan in der ungeheuren Kiste.
An Charlotte von Stein, 7. 6. 1784

Sie haben mir durch Übersendung des Elephanten-Schädels ein großes Vergnügen gemacht ...
Mein Wunsch wäre nur ihn mit nach Weimar nehmen zu können, von da Sie ihn längstens Anfang September, wenn Sie ihn nicht eher brauchen, zurück haben sollen. Ich mögte ihn gar gerne mit einem großen Schädel, den wir besitzen, und mit andern Thierschädeln vergleichen, besonders da meine Hoffnung, die meisten Suturen* und Harmonien unverwachsen zu finden, glücklich eingetroffen ist. Wie sehr mich diese Wissenschaft, der ich im eigentlichen Sinne nur Minuten widmen kann, anzieht, werden Sie leicht fühlen, da Sie sich ihr ganz gewidmet haben. Welch Vergnügen würde es mir sein, Ihnen bald einmal von meinen kleinen Bemühungen Rechenschaft geben zu können.
An Sömmerring, 9. 6. 1784

Knochennähte

Dieses junge Subjekt, das in Deutschland sein Leben nicht fristen konnte, zeigt uns in seinen Resten die meisten Suturen, wenigstens an einer Seite unverwachsen ... und was uns hier am meisten berührt, so spielt vor allen das os intermaxillare eine große Rolle; es schlägt sich wirklich um den Eckzahn herum, daher denn auch, bei flüchtiger Beobachtung, der Irrtum entstanden sein mag: der ungeheure Eckzahn sei im os intermaxillare enthalten. Allein die Natur, die ihre großen Maximen nicht

Tiergeripp' und Totenbein

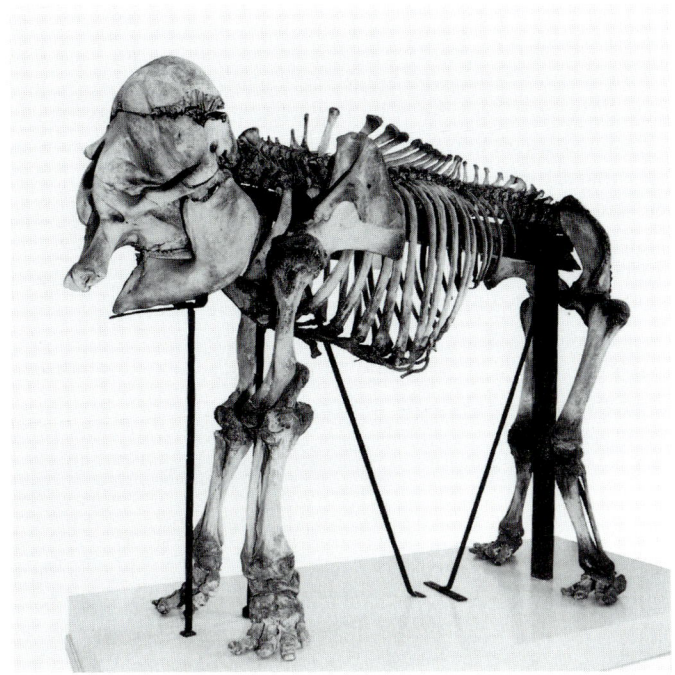

*Bis heute hat sich in Kassel das Skelett eines jungen indischen Elefanten er-
halten, der 1780 bei einem Unfall sein Leben verlor und von S. Th. Sömmerring seziert wurde. Goethe lieh sich den Schädel nach Weimar aus
und ließ ihn zeichnen, weil er die Form des Zwischenkiefers an möglichst
vielen Tierarten studieren wollte.*

fahren läßt, am wenigsten in wichtigen Fällen, ließ hier eine
dünne Lamelle, von der obern Kinnlade ausgehend, die Wurzel
des Eckzahns umgeben, um diese organischen Uranfänge vor
den Anmaßungen des Zwischenknochens zu sichern.
Aus: Hefte zur Morphologie: ⟨Zur vergleichenden Anatomie: Nachträge⟩

*In diesem Falle irrte Goethe. Der Stoßzahn des Elefanten ist
kein Eckzahn, sondern ein verlängerter Schneidezahn. Er gehört damit zu Recht dem Zwischenkiefer an.*

51

2.5 Ein Fachmann wundert sich

Hier trat nun der seltsame Fall ein, daß man den Unterschied
zwischen Affen und Menschen darin finden wollte, daß man jenem ein os intermaxillare, diesem aber keines zuschrieb; da nun
aber genannter Teil darum hauptsächlich merkwürdig ist, weil
die oberen Schneidezähne darin gefaßt sind, so war nicht begreiflich, wie der Mensch Schneidezähne haben und doch des
Knochens ermangeln sollte, worin sie eingefugt stehen. Ich
suchte daher nach Spuren desselben und fand sie gar leicht
... Umrisse wurden gemacht, die das Behauptete klar vor Augen bringen sollten, jene kurze Abhandlung dazu geschrieben,
ins Lateinische übersetzt und Campern mitgeteilt; und zwar
Format und Schrift so anständig daß sie der treffliche Mann

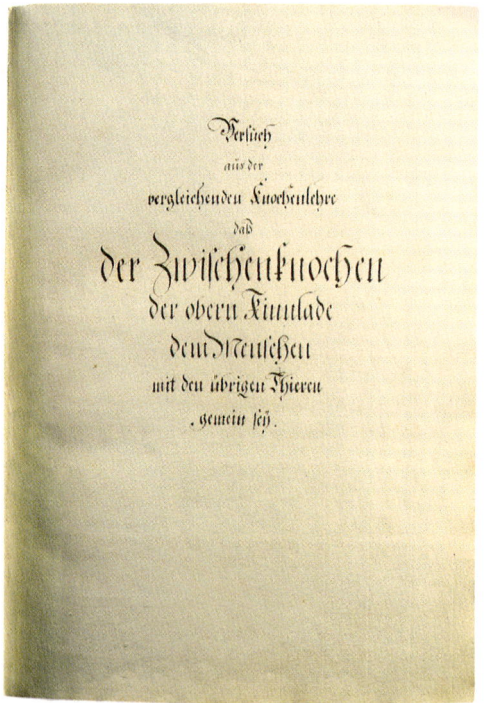

Tiergeripp' und   Titelblatt der für Peter Camper bestimmten Prachthandschrift von Goethes
Totenbein   Abhandlung über den Zwischenkieferknochen (1784), die ihm jedoch bei
dem religiösen holländischen Anatomen keinen Erfolg einbrachte.

mit einiger Verwunderung aufnahm, Arbeit und Bemühung lobte, sich freundlich erwies; aber nach wie vor versicherte, der Mensch habe kein os intermaxillare.

Nun zeugt es freilich von einer besondern Unbekanntschaft mit der Welt, von einem jugendlichen Selbstsinn, wenn ein laienhafter Schüler den Gildemeistern zu widersprechen wagt, ja was noch töriger ist, sie zu überzeugen gedenkt. Fortgesetzte vieljährige Versuche haben mich eines andern belehrt, mich belehrt: daß immerfort wiederholte Phrasen sich zuletzt zur Überzeugung verknöchern und die Organe des Anschauens völlig verstumpfen. Indessen ist es heilsam daß man dergleichen nicht allzu zeitig erfährt, weil sonst jugendlicher Frei- und Wahrheitssinn durch Mißmut gelähmt würde.

Aus: Hefte zur Morphologie: ⟨Zur vergleichenden Anatomie: Nachträge⟩

Aber noch ein anderes Mißgeschick betraf mich; ein ausgezeichneter Mann, Johann Friedrich Blumenbach, der sich mit Glück der Naturwissenschaft gewidmet, auch besonders die vergleichende Anatomie durchzuarbeiten begonnen, trat in seinem Kompendium derselben auf Campers Seite und sprach dem Menschen den Zwischenknochen ab. Meine Verlegenheit wurde dadurch aufs höchste gesteigert, indem ein schätzbares Lehrbuch, ein vertrauenswürdiger Lehrer, meine Gesinnungen, meine Absichten durchaus beseitigen sollte.

Aber ein so geistreicher, fort untersuchender und denkender Mann konnte nicht immer bei einer vorgefaßten Meinung verharren und ich bin ihm, bei traulichen Verhältnissen, über diesen Punkt, wie über viele andere, eine teilnehmende Belehrung schuldig geworden, indem er mich benachrichtigte, daß der Zwischenknochen bei wasserköpfigen Kindern von der obern Kinnlade getrennt, auch bei dem doppelten Wolfsrachen als krankhaft abgesondert sich manifestiere.

Nun aber kann ich jene, damals mit Protest zurückgewiesenen Arbeiten, welche so viele Jahre im stillen geruht, hervorrufen und für dieselben mir einige Aufmerksamkeit erbitten.

Aus: Principes de Philosophie Zoologique ... ⟨1832⟩

Goethe entdeckt den Zwischenkieferknochen beim Menschen

53

Purpurrot: Die »höchste aller Farbenerscheinungen ... Die Wirkung dieser Farbe ist so einzig wie ihre Natur. Sie gibt einen Eindruck sowohl von Ernst und Würde, als von Huld und Anmut.« (*Farbenlehre*, § 794 ff.)

3. »Gestaltung, Umgestaltung, des ewigen Sinnes ewige Unterhaltung«[*]

Die Metamorphosenlehre

Falter, nach einer Skizze Goethes

[*] Faust II, V. 6287 f

Wie läßt sich die Einheit der Natur fassen und zugleich ihre Mannigfaltigkeit erklären? Diese Frage beschäftigte Goethe bei seinen botanischen Studien, die er schon in den ersten Weimarer Jahren begonnen hat. Das im 18. Jahrhundert von Jean-Jacques Rousseau populär gemachte Botanisieren stützte sich auf Carl von Linnés Benennung und Einteilung der Pflanzenwelt. Goethe war jedoch unzufrieden mit Linnés System und hoffte auf eine botanische Methode, die nach natürlichen Ähnlichkeiten vorgehen würde. Im Frühling 1785 studierte er die Keimung höherer Pflanzen und beobachtete insbesondere die Entwicklung der Kotyledonen (Keimblätter).

Während der *Italienischen Reise* (1786-88) erweiterten sich Goethes botanische Ideen in ungeahntem Maße. Er beobachtete im Süden eine Fülle von neuen Arten und geographischen Varietäten und hoffte sogar, eine »Urpflanze« zu finden, die als Modell aller Pflanzen dienen konnte. Als Zusammenfassung seiner Erkenntnisse erschien 1790 der *Versuch die Metamorphose der Pflanzen zu erklären*. Goethe beschreibt darin die Entwicklung der einjährigen Blütenpflanze als gesetzmäßige Folge von Blattmetamorphosen. Auch diese Arbeit fand nicht die von Goethe erhoffte allgemeine Zustimmung, weil die Wandlungsfähigkeit und Eigengesetzlichkeit der Natur noch von vielen Zeitgenossen bestritten wurde.

In der ersten Hälfte der 90er Jahre machte sich Goethe daran, die an den Pflanzen gewonnenen Einsichten auch auf die Tiere anzuwenden. Als Grundelement des tierischen Skeletts bezeichnete er den Wirbel. Wie das Blatt bei den Pflanzen ist dieser zu Metamorphosen fähig, die sich an der Wirbelsäule zeigen. Goethe glaubte sogar, daß auch die Schädelknochen aus Wirbeln abzuleiten seien, was später durch die embryologische Forschung aber widerlegt wurde.

Als Folge seiner Studien an Tieren und Pflanzen begründete Goethe eine neue Wissenschaft: die *Morphologie*. Sie sollte die »Bildung und Umbildung organischer Naturen« erklären. Die wichtigsten Erkenntnisse Goethes in dieser Wissenschaft lassen sich so wiedergeben: Die Grundeinheiten von Blatt und Wirbel bilden in jeweils charakteristischer Zusammensetzung die Grundlage des pflanzlichen bzw. tierischen Bauplans oder »Typus«. Während der Typus die Einheit garantiert, ermöglicht die Metamorphose die Mannigfaltigkeit der Gestal-

Gestaltung, Umgestaltung

ten. Das Zusammenspiel von Typus und Metamorphose wird durch Naturgesetze geregelt, die weder ein Erstarren noch ein unbeschränktes Abweichen von einer Form zulassen. – Diese wenigen Leitvorstellungen führten zu einem Naturmodell, das sowohl die Entwicklungsfähigkeit wie die notwendige Beschränktheit jedes Organismus berücksichtigt und das auch in den monströsesten Formen noch das zugrundeliegende Gesetz anerkennt.

Die Suche nach idealtypischen Gestalten in steter Wechselwirkung mit der Betrachtung des Einzelnen und die Frage nach den Gesetzen des Gestaltwandels charakterisieren die ›klassische‹ Epoche in Goethes Naturforschung, die er nach dem Eintritt Schillers in sein Leben auch philosophisch zu begreifen begann. Pläne zur Veröffentlichung der morphologischen Arbeiten zerschlugen sich mehrmals an den politischen Zeitumständen der napoleonischen Epoche und an privaten Hindernissen. Goethe verfolgte jedoch seit Beginn des 19. Jahrhunderts mit Wohlwollen die Arbeiten einiger junger Wissenschaftler, die von Schellings Naturphilosophie beeinflußt waren, und gab und erhielt dabei vielfältige Anregungen. Als er 1817-24 seine Hefte *Zur Morphologie* herausgab, fühlte er sich in einem Kreis von Gleichgesinnten aufgehoben – doch konnte er nicht übersehen, daß die wissenschaftliche Bearbeitung der organischen Welt in der Zwischenzeit über seine Ansätze und Erkenntnisse hinaus weitergeführt worden war.

Unter den ›romantischen‹ Naturphilosophen wurden nun auch Theorien verhandelt, die erstmals explizit *evolutionistisch* waren. Bei den Äußerungen Goethes, die in sein letztes Lebensdrittel gehören, sind Einflüsse solcher Ideen zu berücksichtigen; doch hat er trotz seiner Überzeugung von einer historischen Entwicklung der Natur nie deutlich zu dieser Frage Stellung genommen. Statt sich auf Spekulationen über die Vergangenheit einzulassen, begnügte er sich mit der Betrachtung des Gegenwärtigen, wozu aber auch die von ihm und seinem Sohn August gesammelten Reste ausgestorbener Tier- und Pflanzenarten gehörten. Die Fossilien, mit denen er sich noch in seinen letzten Lebenstagen befaßte, bewunderte er als Zeugnis für die ewig produktive Tätigkeit der Natur.

Dem alten Goethe wurde die Natur zunehmend auch symbolisches Zeichen. So sah er etwa in der vegetativen Vermehrung

der Pflanze *Bryophyllum calycinum*, über deren Entwicklung
er als erster genaue Beobachtungen aufgezeichnet hat, ein Symbol
freundschaftlicher Verbundenheit und fruchtbaren Austauschs.
Die in den Blattkerben sich entwickelnden Ableger
bildeten für ihn den lebendigen Beweis seiner Metamorphosenlehre.

Den einmal gefaßten Hauptmaximen von Typus und Metamorphose
blieb Goethe bis an sein Lebensende verpflichtet. Davon
zeugt noch sein letzter wissenschaftlicher Aufsatz, *Principes de
Philosophie Zoologique*, geschrieben aus Anlaß des sogenannten
»Pariser Akademiestreits« von 1830 zwischen Georg Cuvier
und Étienne Geoffroy Saint-Hilaire über die Einheit des tierischen
»Bauplans«. Goethe bekannte darin nochmals seinen
Glauben an einen allgemeinen Typus aller Tiere.

Die von ihm in der Morphologie als wirksam erkannten Prinzipien
der Stetigkeit und der Steigerung prägten Goethes Lebens-
und Naturphilosophie in zunehmendem Maße und finden sich
auch in seinen literarischen Werken wieder. Neben den expliziten
Lehrgedichten zur Metamorphose der Pflanzen und zur
Metamorphose der Tiere sind viele poetische Texte Goethes
vor einem naturwissenschaftlichen Hintergrund entstanden
und sprechen die philosophisch-religiöse Seite seiner Naturanschauung
meist unverhüllter aus als seine Aufsätze zu wissenschaftlichen
Themen. Am Beispiel von Schillers Schädel, den
Goethe mehr als zwanzig Jahre nach dem Tod des Freundes,
bei der Umbettung seiner Gebeine in die Weimarer Fürstengruft,
in den Händen gehalten hat, kann dies deutlich werden.
In dem dieses Ereignis spiegelnden Gedicht *Im ernsten Beinhaus
war's*, das Goethe an den Schluß der ersten Fassung von
Wilhelm Meisters Wanderjahren setzte, kommt der Steigerungsprozeß
der Natur in höchster Gestaltungskunst zur Sprache:

Wie mich geheimnisvoll die Form entzückte!
    Die gottgedachte Spur, die sich erhalten!
    Ein Blick, der mich an jenes Meer entrückte
Das flutend strömt gesteigerte Gestalten.
    Geheim Gefäß! Orakelsprüche spendend,
    Wie bin ich wert dich in der Hand zu halten?
Dich höchsten Schatz aus Moder fromm entwendend,

Gestaltung,
Umgestaltung

Und in die freie Luft, zu freiem Sinnen,
Zum Sonnenlicht andächtig hin mich wendend.
Was kann der Mensch im Leben mehr gewinnen
Als daß sich Gott-Natur ihm offenbare?
Wie sie das Feste läßt zu Geist verrinnen,
Wie sie das Geisterzeugte fest bewahre.

Die von Goethe begründete Wissenschaft der Morphologie bildet heute ein anerkanntes Teilgebiet der Biologie. Im 20. Jahrhundert haben u. a. der Botaniker Wilhelm Troll und der Zoologe Adolf Portmann Goethes morphologische Ideen weiterentwickelt. Auch außerhalb der etablierten Wissenschaften wurden Goethes Anregungen aufgenommen. Der Goethe-Herausgeber und Begründer der Anthroposophie Rudolf Steiner (1861-1925) gab den Anstoß zu einer »goetheanistischen Naturwissenschaft«, die sich eine bewußte Erweiterung der mechanistischen Erklärungsweise der Natur zum Ziel gesetzt hat.

Im Zentrum der modernen biologischen Forschung steht zur Zeit die molekulare Genetik als eine Wissenschaft, die nach den Ursachen der Formgebung im Erbmaterial der Zellen sucht. Durch Eingriffe ins Erbgut können sogar neue Formen geschaffen werden. Jede Beschäftigung mit Lebewesen stellt allerdings die Frage, ob eine rein analytisch-mechanistisch orientierte Wissenschaft der spezifischen Qualität des Lebendigen gerecht werden kann. Für Goethe jedenfalls war die Natur nie rein mechanisch oder zufällig, sondern von geistigen Kräften durchwirkt.

3.1 Verwirrende Vielfalt

Linnés Terminologie, die *Fundamenta* worauf das Kunstgebäude sich erheben sollte, *Johann Geßners* Dissertationen zur Erklärung Linnéischer *Elemente,* alles in Einem schmächtigen Hefte vereinigt, begleiteten mich auf Wegen und Stegen, und noch heute erinnert mich eben dasselbe Heft an die frischen, glücklichen Tage, in welchen jene gehaltreichen Blätter mir zuerst eine neue Welt aufschlossen. Linnés *Philosophie der Botanik* war mein tägliches Studium, und so rückte ich immer weiter vor in Kenntnis und Umsicht, indem ich mir das Überlieferte möglichst anzueignen suchte.

Wie es mir dabei ergangen, und wie ein so fremdartiger Unterricht auf mich gewirkt, kann vielleicht im Verlauf dieser Mitteilungen deutlich werden, vorläufig aber will ich bekennen, daß nach *Shakespeare* und *Spinoza* auf mich die größte Wirkung von *Linné* ausgegangen und zwar gerade durch den Widerstreit zu welchem er mich aufforderte. Denn indem ich sein scharfes, geistreiches Absondern, seine treffenden, zweckmäßigen, oft aber willkürlichen Gesetze in mich aufzunehmen versuchte, ging in meinem Innern ein Zwiespalt vor: das was er mit Gewalt auseinander zu halten suchte, mußte, nach dem innersten Bedürfnis meines Wesens, zur Vereinigung anstreben.

Aus: Hefte zur Morphologie: Geschichte meines botanischen Studiums
⟨1817⟩

Botanische Terminologie auf die Gegenstände anzuwenden, war mein gewissenhaftes Bemühen, dabei fand ich leider sehr oft große Störung. Wenn ich zum Beispiel an demselben Stengel erst ein entschiedenes Blatt sah, das nach und nach zur Stipula* ward, wenn ich an derselben Pflanze erst rundliche, dann eingekerbte, zuletzt beinahe gefiederte Blätter entdeckte, verlor ich den Mut, irgendwo einen Pfahl einzuschlagen, oder wohl gar eine Grenzlinie zu ziehen. Die schwerste Aufgabe schien mir jedoch Genera* mit Sicherheit zu bezeichnen, ihnen die Spezies unterzuordnen. Wie es vorgeschrieben war wußte ich wohl, allein wie sollte ich eine sichere Anwendung hoffen, da man seit Linnés Zeiten manche Geschlechter in sich getrennt und zersplittert, woraus hervor zu gehen schien, daß der erfahrenste

Nebenblatt

Gattungen

Gestaltung, Umgestaltung

Der Schwede Carl von Linné (1707-1778) brachte Ordnung in die Natur, indem er ein Bestimmungs- und Benennungssystem in die Wissenschaft einführte, das von großer praktischer Nützlichkeit war. Seine Methode der Pflanzenbestimmung nach der Zahl der Staubblätter vereinigte aber künstliche Gruppen.

und scharfsichtigste Mann mit der Natur nicht einig werden können.

Aus: Hefte zur Morphologie: Entstehen des Aufsatzes über Metamorphose der Pflanzen

Diese Tage hab ich wieder Linné gelesen und bin über diesen außerordentlichen Mann erschrocken. Ich habe unendlich viel von ihm gelernt, nur nicht Botanik.

An Zelter, 7. 11. 1816

Metamorphosenlehre

3.2 Fritzens Bohnen

Darauf sind wir in den Garten gegangen und Fritz bleibt bei mir.
Wir waren in seinem Gärtchen und seine Bohnen interessieren mich mehr als meine Bäume.
An Charlotte von Stein, 25. 5. 1782

Gerne schickt ich Dir eine kleine botanische Lektion wenn sie nur schon geschrieben wäre. Die Materie *von Samen* habe ich durchgedacht, so weit meine Erfahrungen reichen . . .
Ich mag am liebsten meine freien Augenblicke zu diesen Betrachtungen anwenden. Die Konsequenz der Natur tröstet schön über die Inkonsequenz der Menschen.
An Knebel, 2. 4. 1785

Es wird niemand wundern wenn ich sage daß bei manchen Pflanzen die untern bei andern die obern Kotyledonen fehlen, wenn man bedenkt daß bei verschiedenen Pflanzen, Haupt- und wesentliche Teile fehlen oder vielmehr zu fehlen scheinen, sich unserm Auge entziehn oder in so abweichenden Gestalten gegenwärtig sind daß wir sie schwer zu erkennen im Stande sind oder wenn wir sie auch erkennen sie kaum dafür anzugeben wagen, der genauste Zusammenhang und die wunderbarsten Übergänge eines Teils in den andern liegen uns in dem ganzen Pflanzenreiche vor Augen.
Aus: ⟨Von den Kotyledonen⟩

Gestaltung,
Umgestaltung

Goethe und Fritz von Stein, Schattenriß für die französische Ausgabe der
Physiognomischen Fragmente *(um 1780). Goethe wirkte als Erzieher des*
Sohnes seiner Freundin Charlotte von Stein und beteiligte ihn auch an sei-
nen Naturstudien.

3.3 Unter südlichem Himmel

Hier in dieser neu mir entgegen tretenden Mannigfaltigkeit
wird jener Gedanke immer lebendiger: daß man sich alle Pflan-
zengestalten vielleicht aus Einer entwickeln könne. Hiedurch
würde es allein möglich werden, Geschlechter und Arten wahrhaft zu bestimmen, welches, wie mich dünkt, bisher sehr will-
kürlich geschieht. Auf diesem Punkte bin ich in meiner botanischen Philosophie stecken geblieben und ich sehe noch nicht,
wie ich mich entwirren will.
Italienische Reise, 27. 9. 1786

Es ist ein wahres Unglück, wenn man von vielerlei Geistern verfolgt und versucht wird! Heute früh ging ich mit dem festen ruhigen Vorsatz, meine dichterischen Träume* fortzusetzen, nach
dem öffentlichen Garten, allein, eh ich michs versah, erhaschte
mich ein anderes Gespenst, das mir schon diese Tage nachge-
schlichen. Die vielen Pflanzen, die ich sonst nur in Kübeln
und Töpfen, ja die größte Zeit des Jahres nur hinter Glasfen-
stern zu sehen gewohnt war, stehen hier froh und frisch unter
freiem Himmel und, indem sie ihre Bestimmung vollkommen
erfüllen, werden sie uns deutlicher. Im Angesicht so vielerlei
neuen und erneuten Gebildes fiel mir die alte Grille wieder
ein: ob ich nicht unter dieser Schar die Urpflanze entdecken
könnte? Eine solche muß es denn doch geben! Woran würde
ich sonst erkennen, daß dieses oder jenes Gebilde eine Pflanze
sei, wenn sie nicht alle nach einem Muster gebildet wären.
Ich bemühte mich zu untersuchen, worin denn die vielen abweichenden Gestalten voneinander unterschieden seien. Und
ich fand sie immer mehr ähnlich als verschieden und, wollte
ich meine botanische Terminologie anbringen, so ging das
wohl, aber es fruchtete nicht, es machte mich unruhig, ohne
daß es mir weiter half. Gestört war mein guter poetischer Vorsatz, der Garten des Alcinous* war verschwunden, ein Weltgar-
ten hatte sich aufgetan. Warum sind wir Neueren doch so zer-
streut, warum gereizt zu Forderungen, die wir nicht erreichen
noch erfüllen können!
Italienische Reise, 17. 4. 1787 ⟨Palermo⟩

Plan zu
»Nausikaa«-Drama

Phäakenkönig (Odyssee)

Gestaltung,
Umgestaltung

Skizze Goethes aus Italien mit Feigenbaum und Maisstauden. Die Beob-
achtung der südlichen Pflanzenwelt vermittelte ihm neue botanische Ein-
sichten.

Die Urpflanze wird das wunderlichste Geschöpf von der Welt
über welches mich die Natur selbst beneiden soll. Mit diesem
Modell und dem Schlüssel dazu, kann man alsdann noch Pflanzen ins Unendliche erfinden, die konsequent sein müssen, das
heißt: die, wenn sie auch nicht existieren, doch existieren könnten und nicht etwa malerische oder dichterische Schatten und
Scheine sind, sondern eine innerliche Wahrheit und Notwen-
digkeit haben. Dasselbe Gesetz wird sich auf alles übrige Lebendige anwenden lassen.
An Charlotte von Stein, 9. 6. 1787

3.4 »Alles ist Blatt«

Hypothese
Alles ist Blatt, und durch diese Einfachheit wird die größte
Mannigfaltigkeit möglich.
Aus: ⟨Notizen aus Italien⟩

Studium

Ostern betret ich auch die Bahn der Naturgeschichte als
Schriftsteller; ich bin neugierig was das gelehrte und ungelehrte
Publikum mit einem Schriftchen machen wird, das über *die
Metamorphose der Pflanzen* einen Versuch enthält. Im Studio*
bin ich viel weiter vorwärts und hoffe übers Jahr eine Schrift
über *die Gestalt der Tiere* herauszugeben. Ich brauche aber
wahrscheinlich Zeit und Mühe eh ich mit meiner Vorstellungs
Art werde durchdringen können.
An F. H. Jacobi, 3. 3. 1790

*Gestaltung,
Umgestaltung*

Meinen Faust und das botanische Werkchen wirst Du erhalten
haben, mit jenem habe ich die fast so mühsame als geniale
Arbeit der Ausgabe meiner Schriften geendigt, mit diesem fange
ich eine neue Laufbahn an, in welcher ich nicht ohne manche

66

Beschwerlichkeit wandeln werde. Mein Gemüt treibt mich mehr als jemals zur Naturwissenschaft, und mich wundert nur daß in dem prosaischen Deutschland noch ein Wölkchen Poesie über meinem Scheitel schweben bleibt.

An Knebel, 9. 7. 1790

Es mag nun die Pflanze sprossen, blühen oder Früchte bringen, so sind es doch nur immer *dieselbigen Organe* welche in vielfältigen Bestimmungen und unter oft veränderten Gestalten die Vorschrift der Natur erfüllen. Dasselbe Organ welches am Stengel als Blatt sich ausgedehnt und eine höchst mannigfaltige Gestalt angenommen hat, zieht sich nun im Kelche zusammen, dehnt sich im Blumenblatte wieder aus, zieht sich in den Geschlechtswerkzeugen zusammen, um sich als Frucht zum letztenmal auszudehnen.

Aus: Versuch die Metamorphose der Pflanzen zu erklären ⟨§ 115⟩

Freundinnen, welche mich schon früher den einsamen Gebirgen, der Betrachtung starrer Felsen gern entzogen hätten, waren auch mit meiner abstrakten Gärtnerei keineswegs zufrieden. Pflanzen und Blumen sollten sich, durch Gestalt, Farbe, Geruch auszeichnen, nun verschwanden sie aber zu einem gespensterhaften Schemen. Da versuchte ich diese wohlwollenden Gemüter zur Teilnahme durch eine Elegie zu locken, der ein Platz hier gegönnt sein möge, wo sie, im Zusammenhang wissenschaftlicher Darstellung, verständlicher werden dürfte, als eingeschaltet in eine Folge zärtlicher und leidenschaftlicher Poesien.

Dich verwirret, Geliebte, die tausendfältige Mischung
    Dieses Blumengewühls über dem Garten umher;
Viele Namen hörest du an und immer verdränget,
    Mit barbarischem Klang, einer den andern im Ohr.
Alle Gestalten sind ähnlich, und keine gleichet der andern;
    Und so deutet das Chor auf ein geheimes Gesetz,
Auf ein heiliges Rätsel. O, könnt' ich dir, liebliche Freundin,
    Überliefern sogleich glücklich das lösende Wort!
Werdend betrachte sie nun, wie nach und nach sich die Pflanze,
    Stufenweise geführt, bildet zu Blüten und Frucht.
Aus dem Samen entwickelt sie sich, sobald ihn der Erde
    Stille befruchtender Schoß hold in das Leben entläßt,

Metamorphosenlehre

Und dem Reize des Lichts, des heiligen, ewig bewegten,
Gleich den zärtesten Bau keimender Blätter empfiehlt.
Einfach schlief in dem Samen die Kraft; ein beginnendes
Vorbild
Lag, verschlossen in sich, unter die Hülle gebeugt,
Blatt und Wurzel und Keim, nur halb geformet und farblos;
Trocken erhält so der Kern ruhiges Leben bewahrt,
Quillet strebend empor, sich milder Feuchte vertrauend,
Und erhebt sich sogleich aus der umgebenden Nacht.
Aber einfach bleibt die Gestalt der ersten Erscheinung;
Und so bezeichnet sich auch unter den Pflanzen das Kind.
Gleich darauf ein folgender Trieb, sich erhebend, erneuet,
Knoten auf Knoten getürmt, immer das erste Gebild.
Zwar nicht immer das gleiche; denn mannigfaltig erzeugt sich,
Ausgebildet, du siehst's, immer das folgende Blatt,
Ausgedehnter, gekerbter, getrennter in Spitzen und Teile,
Die verwachsen vorher ruhten im untern Organ.
Und so erreicht es zuerst die höchst bestimmte Vollendung,
Die bei manchem Geschlecht dich zum Erstaunen bewegt.
Viel gerippt und gezackt, auf mastig strotzender Fläche,
Scheinet die Fülle des Triebs frei und unendlich zu sein.
Doch hier hält die Natur, mit mächtigen Händen, die Bildung
An und lenket sie sanft in das Vollkommnere hin.
Mäßiger leitet sie nun den Saft, verengt die Gefäße,
Und gleich zeigt die Gestalt zärtere Wirkungen an.
Stille zieht sich der Trieb der strebenden Ränder zurücke,
Und die Rippe des Stiels bildet sich völliger aus.
Blattlos aber und schnell erhebt sich der zärtere Stengel,
Und ein Wundergebild zieht den Betrachtenden an.
Rings im Kreise stellet sich nun, gezählet und ohne
Zahl, das kleinere Blatt neben dem ähnlichen hin.
Um die Achse gedrängt entscheidet der bergende Kelch sich,
Der zur höchsten Gestalt farbige Kronen entläßt.
Also prangt die Natur in hoher, voller Erscheinung,
Und sie zeiget, gereiht, Glieder an Glieder gestuft.
Immer erstaunst du auf's neue, so bald sich am Stengel
die Blume

Gestaltung,   Über dem schlanken Gerüst wechselnder Blätter bewegt.
Umgestaltung   Aber die Herrlichkeit wird des neuen Schaffens Verkündung.
Ja, das farbige Blatt fühlet die göttliche Hand.

Und zusammen zieht es sich schnell; die zärtesten Formen,
Zwiefach streben sie vor, sich zu vereinen bestimmt.
Traulich stehen sie nun, die holden Paare, beisammen,
Zahlreich ordnen sie sich um den geweihten Altar.
Hymen schwebet herbei, und herrliche Düfte, gewaltig,
Strömen süßen Geruch, alles belebend, umher.
Nun vereinzelt schwellen sogleich unzählige Keime,
Hold in den Mutterschoß schwellender Früchte gehüllt.
Und hier schließt die Natur den Ring der ewigen Kräfte;
Doch ein neuer sogleich fasset den vorigen an,
Daß die Kette sich fort durch alle Zeiten verlänge,
Und das Ganze belebt, so wie das Einzelne, sei.
Wende nun, o Geliebte, den Blick zum bunten Gewimmel,
Das verwirrend nicht mehr sich vor dem Geiste bewegt.
Jede Pflanze verkündet dir nun die ew'gen Gesetze,
Jede Blume, sie spricht lauter und lauter mit dir.
Aber entzifferst du hier der Göttin heilige Lettern,
Überall siehst du sie dann, auch in verändertem Zug.
Kriechend zaudre die Raupe, der Schmetterling eile geschäftig,
Bildsam ändre der Mensch selbst die bestimmte Gestalt!
O! gedenke denn auch, wie aus dem Keim der Bekanntschaft
Nach und nach in uns holde Gewohnheit entsproß,
Freundschaft sich mit Macht in unserm Innern enthüllte,
Und wie Amor zuletzt Blüten und Früchte gezeugt.
Denke, wie mannigfach bald die, bald jene Gestalten,
Still entfaltend, Natur unsern Gefühlen geliehn!
Freue dich auch des heutigen Tags! Die heilige Liebe
Strebt zu der höchsten Frucht gleicher Gesinnungen auf,
Gleicher Ansicht der Dinge damit in harmonischem Anschaun
Sich verbinde das Paar, finde die höhere Welt.

Höchst willkommen war dieses Gedicht, der eigentlich Geliebten, welche das Recht hatte die lieblichen Bilder auf sich zu beziehen; und auch ich fühlte mich sehr glücklich als das lebendige Gleichnis unsere schöne vollkommene Neigung steigerte
und vollendete.
Aus: Hefte zur Morphologie: Schicksal der Druckschrift

3.5 Gesetz und Abweichung

Durchgewachsene Rose
Alles was wir bisher nur mit der Einbildungskraft und dem Verstande zu ergreifen gesucht, zeigt uns das Beispiel einer durchgewachsenen Rose auf das deutlichste. Kelch und Krone sind um die Achse geordnet und entwickelt, anstatt aber, daß nun im Centro das Samenbehältnis *zusammengezogen*, an demselben und um dasselbe die männlichen und weiblichen Zeugungsteile *geordnet* sein sollten, begibt sich der Stiel halb *rötlich* halb *grünlich* wieder in die *Höhe*; kleinere dunkelrote, zusammengefaltete Kronenblätter, deren einige die Spur der Antheren* an sich tragen, entwickeln sich *sukzessiv* an demselben. Der Stiel wächst fort, schon lassen sich daran wieder Dornen sehn, die folgenden einzelnen gefärbten Blätter werden kleiner und gehen zuletzt vor unsern Augen in halb rot halb grün gefärbte Stengelblätter über, es bildet sich eine Folge von regelmäßigen Knoten, aus deren Augen abermals, obgleich unvollkommene Rosenknöspchen zum Vorschein kommen.
Aus: Versuch die Metamorphose der Pflanzen zu erklären ⟨§ 103⟩

Staubbeutel

... das Abnorme ist nicht gleich als krank, oder pathologisch zu betrachten ...
Die Natur bildet normal, wenn sie unzähligen Einzelnheiten die Regel gibt, sie bestimmt und bedingt; abnorm aber sind die Erscheinungen, wenn die Einzelnheiten obsiegen und auf eine willkürliche, ja zufällig scheinende Weise sich hervortun. Weil aber beides nah zusammen verwandt und, sowohl das Geregelte als Regellose, von Einem Geiste belebt ist, so entsteht ein Schwanken zwischen Normalem und Abnormem, weil immer Bildung und Umbildung wechselt, so daß das Abnorme normal und das Normale abnorm zu werden scheint.
Die Gestalt eines Pflanzenteiles kann aufgehoben, oder ausgelöscht sein, ohne daß wir es Mißbildung nennen möchten. Die Zentifolie* heißt nicht mißgebildet, ob wir sie gleich abnorm heißen dürfen; mißgebildet aber ist die durchgewachsene Rose, weil die schöne Rosengestalt aufgehoben und die gesetzliche Beschränktheit ins Weite gelassen ist.
Aus: ⟨Zur Metamorphosenschrift⟩: Nacharbeiten und Sammlungen

Rosenart mit gefüllten Blättern

Gestaltung, Umgestaltung

*Durchgewachsene Rose; von Goethe in Auftrag gegebenes Aquarell zur Il-
lustration seiner* Metamorphose der Pflanzen. *Aus der Mitte der Blüte
wächst ein neuer Stengel mit Blüten- und Laubblättern.*

3.6 Was ist Morphologie?

Wenn wir Naturgegenstände, besonders aber die lebendigen, dergestalt gewahr werden, daß wir uns eine Einsicht in den Zusammenhang ihres Wesens und Wirkens zu verschaffen wünschen, so glauben wir zu einer solchen Kenntnis am besten durch Trennung der Teile gelangen zu können; wie denn auch wirklich dieser Weg uns sehr weit zu führen geeignet ist. Was Chemie und Anatomie zur Ein- und Übersicht der Natur beigetragen haben, dürfen wir nur mit wenig Worten den Freunden des Wissens ins Gedächtnis zurückrufen.

Aber diese trennenden Bemühungen, immer und immer fortgesetzt, bringen auch manchen Nachteil hervor. Das Lebendige ist zwar in Elemente zerlegt, aber man kann es aus diesen nicht wieder zusammenstellen und beleben. Dieses gilt schon von vielen anorganischen, geschweige von organischen Körpern.

Es hat sich daher auch in dem wissenschaftlichen Menschen zu allen Zeiten ein Trieb hervorgetan die lebendigen Bildungen als solche zu erkennen, ihre äußern sichtbaren, greiflichen Teile im Zusammenhange zu erfassen, sie als Andeutungen des Innern aufzunehmen und so das Ganze in der Anschauung gewissermaßen zu beherrschen. Wie nah dieses wissenschaftliche Verlangen mit dem Kunst- und Nachahmungstriebe zusammenhänge, braucht wohl nicht umständlich ausgeführt zu werden.

Man findet daher in dem Gange der Kunst, des Wissens und der Wissenschaft mehrere Versuche, eine Lehre zu gründen und auszubilden, welche wir die Morphologie nennen möchten.

Aus: Hefte zur Morphologie: Die Absicht eingeleitet

Morphologie

Ruht auf der Überzeugung daß alles was sei sich auch andeuten und zeigen müsse. Von den ersten physischen und chemischen Elementen an, bis zur geistigsten Äußerung des Menschen lassen wir diesen Grundsatz gelten.

Wir wenden uns gleich zu dem was Gestalt hat. Das Unorganische, das Vegetative, das Animale das Menschliche deutet sich alles selbst an, es erscheint als das was es ist unserm äußern unserm inneren Sinn.

Gestaltung, Umgestaltung

Die Gestalt ist ein bewegliches, ein werdendes, ein vergehen-

des. Gestaltenlehre ist Verwandlungslehre. Die Lehre der Metamorphose ist der Schlüssel zu allen Zeichen der Natur.
Aus Goethes Nachlaß

Tuschzeichnung Goethes von einem menschlichen Wirbelknochen. Der Wirbel bildet das Grundelement des tierischen »Typus«.

So ist z. B. in die Augen fallend, daß sämtliche Wirbelknochen eines Tieres einerlei Organe sind, und doch würde, wer den ersten Halsknochen mit einem Schwanzknochen unmittelbar vergliche, nicht eine Spur von Gestalts-Ähnlichkeit finden.
Da wir nun hier identische und doch so sehr verschiedene Teile vor Augen sehen und uns ihre Verwandtschaft nicht leugnen können, so haben wir, indem wir ihren organischen Zusammenhang betrachten, ihre Berührung untersuchen und nach wechselseitiger Einwirkung forschen, sehr schöne Aufschlüsse zu erwarten.
Denn eben dadurch wird die Harmonie des organischen Ganzen möglich, daß es aus identischen Teilen besteht, die sich in sehr zarten Abweichungen modifizieren.
Aus: Vorträge, über die drei ersten Kapitel des Entwurfs einer allgemeinen Einleitung in die vergleichende Anatomie, ausgehend von der Osteologie

METAMORPHOSE DER TIERE

Wagt ihr, also bereitet, die letzte Stufe zu steigen
Dieses Gipfels, so reicht mir die Hand und öffnet den freien
Blick ins weite Feld der Natur. Sie spendet die reichen
Lebensgaben umher, die Göttin; aber empfindet
Keine Sorge wie sterbliche Fraun um ihrer Gebornen
Sichere Nahrung; ihr ziemet es nicht: denn zwiefach bestimmte
Sie das höchste Gesetz, beschränkte jegliches Leben,
Gab ihm gemess'nes Bedürfnis, und ungemessene Gaben,
Leicht zu finden, streute sie aus, und ruhig begünstigt
Sie das muntre Bemühn der vielfach bedürftigen Kinder;
Unerzogen schwärmen sie fort nach ihrer Bestimmung.

Zweck sein selbst ist jegliches Tier, vollkommen entspringt es
Aus dem Schoß der Natur und zeugt vollkommene Kinder.
Alle Glieder bilden sich aus nach ew'gen Gesetzen
Und die seltenste Form bewahrt im Geheimen das Urbild.
So ist jeglicher Mund geschickt die Speise zu fassen
Welche dem Körper gebührt, es sei nun schwächlich und
zahnlos
Oder mächtig der Kiefer gezahnt, in jeglichem Falle
Fördert ein schicklich Organ den übrigen Gliedern die
Nahrung.
Auch bewegt sich jeglicher Fuß, der lange, der kurze,
Ganz harmonisch zum Sinne des Tiers und seinem Bedürfnis.
So ist jedem der Kinder die volle reine Gesundheit
Von der Mutter bestimmt: denn alle lebendigen Glieder
Widersprechen sich nie und wirken alle zum Leben.
Also bestimmt die Gestalt die Lebensweise des Tieres,
Und die Weise zu leben sie wirkt auf alle Gestalten
Mächtig zurück. So zeiget sich fest die geordnete Bildung,
Welche zum Wechsel sich neigt durch äußerlich wirkende
Wesen.
Doch im Innern befindet die Kraft der edlern Geschöpfe
Sich im heiligen Kreise lebendiger Bildung beschlossen.
Diese Grenzen erweitert kein Gott, es ehrt die Natur sie:
Denn nur also beschränkt war je das Vollkommene möglich.

Gestaltung,
Umgestaltung

Doch im Inneren scheint ein Geist gewaltig zu ringen,
Wie er durchbräche den Kreis, Willkür zu schaffen den Formen
Wie dem Wollen; doch was er beginnt, beginnt er vergebens.
Denn zwar drängt er sich vor zu diesen Gliedern, zu jenen,
Stattet mächtig sie aus, jedoch schon darben dagegen
Andere Glieder, die Last des Übergewichtes vernichtet
Alle Schöne der Form und alle reine Bewegung.
Siehst du also dem einen Geschöpf besonderen Vorzug
Irgend gegönnt, so frage nur gleich, wo leidet es etwa
Mangel anderswo, und suche mit forschendem Geiste,
Finden wirst du sogleich zu aller Bildung den Schlüssel.
Dann so hat kein Tier, dem sämtliche Zähne den obern
Kiefer umzäunen, ein Horn auf seiner Stirne getragen,
Und daher ist den Löwen gehörnt der ewigen Mutter
Ganz unmöglich zu bilden und böte sie alle Gewalt auf;
Denn sie hat nicht Masse genug die Reihen der Zähne
Völlig zu pflanzen und auch Geweih und Hörner zu treiben.

Dieser schöne Begriff von Macht und Schranken, von Willkür
Und Gesetz, von Freiheit und Maß, von beweglicher Ordnung,
Vorzug und Mangel, erfreue dich hoch; die heilige Muse
Bringt harmonisch ihn dir, mit sanftem Zwange belehrend.
Keinen höhern Begriff erringt der sittliche Denker,
Keinen der tätige Mann, der dichtende Künstler; der Herrscher,
Der verdient es zu sein, erfreut nur durch ihn sich der Krone.
Freue dich, höchstes Geschöpf, der Natur, du fühlest dich fähig
Ihr den höchsten Gedanken, zu dem sie schaffend sich
                                        aufschwang,
Nachzudenken. Hier stehe nun still und wende die Blicke
Rückwärts, prüfe, vergleiche, und nimm vom Munde der Muse
Daß du schauest, nicht schwärmst, die liebliche volle
                                        Gewißheit.

3.7 Das Freundschaftszeichen: *Bryophyllum calycinum*

Ew. Königlichen Hoheit wüßte nicht kürzer und anschaulicher die Wünsche Ihrer treuen Angehörigen an dem heutigen Fest* darzulegen, als in beikommender botanischer Merkwürdigkeit. Möge alles was Höchstdieselben vornehmen und stiften, wie bisher nach allen Seiten Wurzel schlagen und jedes Blatt vielfach neue Pflanzen hervorbringen.
An Carl August, 29. (?) 12. 1818

Das »Brutblatt« Bryophyllum calycinum, eine Pflanze, die um 1800 von Indien nach Europa eingeführt worden war, hat Goethes Interesse seit dem Jahre 1818 gefesselt. Er verschenkte die Blätter mit den Ablegern gern an seine Freunde und auch an Marianne von Willemer, die »Suleika« des West-östlichen Divans.

Ferner darf ich nicht vergessen, daß ich meine zur Monographie leitenden Versuche mit dem Bryophyllum calcinum immer fortsetze … Sonderbar genug ist es, wie diese Pflanze sich unter veränderten Umständen augenblicklich modifiziert und ihre Allpflanzenschaft durch Dulden und Nachgiebigkeit, so wie durch gelegentliches übermütiges Vordringen auf das wundersamste zu Tag legt. Warum ich leidenschaftlich diesem Geschöpfe zugetan bin, versteht niemand besser als Sie*.   als Botaniker
An Nees von Esenbeck, 23. 7. 1820

Ich fuhr fort mich mit Wartung des Bryophyllum calcinum zu beschäftigen, dieser Pflanze die den Triumph der Metamorphose im Offenbaren feyert.
Aus: Tag- und Jahres-Hefte, 1820

Wundersam empfindliche Pflanze gegen das Licht
Man kann sie kerzengerad ziehen wenn man sich die Mühe gibt sobald sie sich gegen das Licht hin krümmt sie herum zu stellen und mit dieser Operation immer fortfährt.
An einen Stab gebunden ohne jene Vorsicht verkrüppelt der Stengel.
Empfindlichkeit gegen die Lokalität.
Soviel Pflanzen ich auch unter Freunde ausgeteilt habe so hatte das Wachstum einer jeden einen verschiedenen Habitus, wovon schwerlich Rechenschaft zu geben wäre.
Aus: Bryophyllum calcinum ⟨1⟩

Was erst still gekeimt in Sachsen
    Soll am Maine freudig wachsen.
Flach auf guten Grund gelegt,
    Merke wie es Wurzel schlägt!
Dann der Pflanzen frische Menge
    Steigt in lustigem Gedränge.
Mäßig warm und mäßig feucht
    Ist was ihnen heilsam deucht.
Wenn dus gut mit Liebchen meinst,
    Blühen sie dir wohl dereinst.
An Marianne von Willemer, 12. 11. 1826

3.8 Boten aus der »Vornacht der Zeiten«

Wenn ich ein zerstreutes Gerippe finde, so kann ich es zusammenlesen und aufstellen; denn hier spricht die ewige Vernunft durch ein Analogon zu mir, und wenn es das Riesenfaultier wäre.
Aus: Über Naturwissenschaft im allgemeinen. Einzelne Betrachtungen und Aphorismen

Fossile Tier- und Pflanzenreste versammeln sich um mich, wobei man sich notwendig nur an Raum und Platz des Fundorts halten muß, weil man bei fernerer Vertiefung in die Betrachtung der Zeiten wahnsinnig werden müßte. Ich möchte wirklich zum Scherze dir einmal, wenn du mit deinen lebendigen Jünglingen lebenstätige Chöre durchprüfst, einen uralten Elephanten-Backenzahn aus unsern Kiesgruben vorlegen, damit ihr den Kontrast recht lebhaft und mit einiger Anmut fühlen möchtet.
An Zelter, 11. 3. 1832

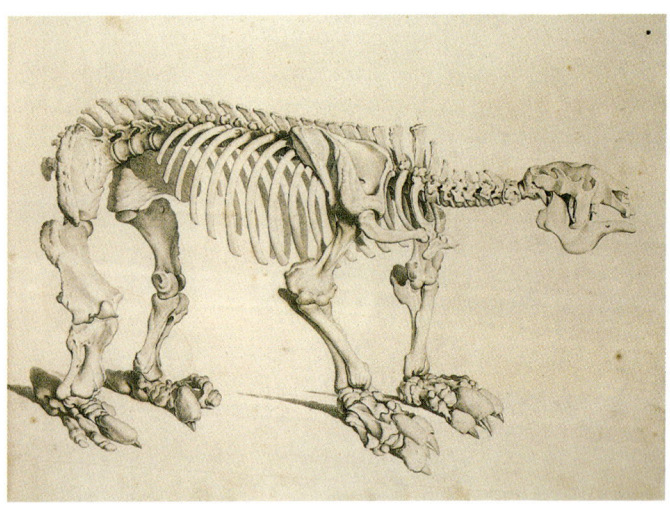

*Ausgestorbene Wesen wie das Riesenfaultier (*Bradypus giganteus *oder Megatherium, nach Pander und d'Alton 1821) beschäftigten Goethes Denken bis in die letzten Lebenstage. Er besaß selber eine beachtliche paläontologische Sammlung.*

Gestaltung,
Umgestaltung

78

Der eifrige Kunstkenner, wenn er die Ausgrabungen von Pompeji und Herculanum mit Entzücken betrachtet, wird doch immer zunächst von einem schmerzlichen Gefühl überrascht, daß soviel Glück durch ein einzelnes Naturereignis zu Grunde gehen mußte, um solche Schätze für ihn niederzulegen und zu bewahren.

Von einer ähnlichen Empfindung wird derjenige bedrängt, das zu schauen und zu kennen, was in der Urzeit allgemeinere unbegreifliche Naturwirkungen in einer großen Weltbreite niedergeschlämmt, niedergedrückt und verschüttet, damit wir von verschwundenen Organismen genugsam erführen, welche in der Vornacht der Zeiten doch auch das Tageslicht und seiner Wärme genossen, um kräftig und fröhlich zu leben und sich auf das gedrängteste zu versammeln.

Wenn aber der Mensch sein eigenes Mißgeschick zu übertragen berufen ist, so ergibt er sich denn wohl auch in ein fremdes verjährtes Mißgeschick und sucht daher für seinen überschauenden Geist, für seine grenzenlose Tätigkeit Nahrung und Beschäftigung.

Daß ich für alle fossilen Gegenstände seit geraumer Zeit eine besondere Vorliebe gehegt, ist Ihnen nicht verborgen geblieben; ich habe selbst durch anhaltende Bemühungen und Freundesgunst sehr schöne Beispiele zusammengestellt, wobei denn immer mehr offenbar wird, daß Abbildungen und genaue Beschreibungen ganz allein geeignet sind, uns in einem so unermeßlichen Felde zurechtzuweisen.

An C. B. Cotta, 15. 3. 1832

Zwei Tage nach diesem Brief erlitt Goethe einen Herzinfarkt. Er starb am 22. März 1832.

Grau: »Sämtliche Farben zusammengemischt ... entsteht das Grau, das, wie die sichtbare Farbe, immer etwas dunkler als Weiß, und immer etwas heller als Schwarz erscheint.« (*Farbenlehre*, § 556)

Intermezzo

Zwischen Laien und Experten: Goethe als Vermittler wissenschaftlicher Erkenntnisse

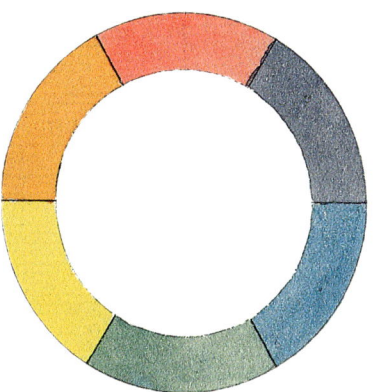

Aquarellierter Farbenkreis aus dem Besitz von Schillers Schwägerin Caroline von Wolzogen, vermutlich ein Geschenk Goethes an die Zuhörerinnen seiner Vorlesungen zur Farbenlehre.

»Wird nun die Farbentotalität von außen dem Auge als Objekt gebracht, so ist sie ihm erfreulich, weil ihm die Summe seiner eigenen Tätigkeit als Realität entgegen kommt.« (Farbenlehre, § 808)

Goethe hat sich in den Naturwissenschaften selbst als »Dilettanten« – also einen Liebhaber der Natur – bezeichnet. Als solcher stand er zwischen den Laien einerseits und den professionellen Naturforschern andererseits. Er hat diese Mittelstellung gern genützt, um wissenschaftliche Erkenntnisse in einer allgemein verständlichen Form weiterzugeben. Zeugnisse seiner Vermittlungskunst sind insbesondere die Aussagen von Frauen aus seiner persönlichen Umgebung, die er mit seinem Interesse an den Naturwissenschaften anzustecken vermochte. In der frühen Weimarer Zeit vermittelte er seine Erkenntnisse an Charlotte von Stein und an die vielseitig begabte Hofdame Luise von Göchhausen, die auch selbst zu mineralogisieren begann. Ab dem Jahre 1805 hielt Goethe vor einem Kreis Weimarer Damen jeweils am Mittwochvormittag Vorlesungen über naturwissenschaftliche Themen. Zu den Zuhörerinnen gehörten u. a. die Herzogin Luise, Schillers Witwe Charlotte und ihre Schwester Caroline von Wolzogen. Goethe konnte offenbar gut auf die Voraussetzungen seiner jeweiligen Zuhörerschaft eingehen und war nie der Meinung, daß naturwissenschaftliche Themen für Frauen ungeeignet seien, wie das viele seiner Zeitgenossen dachten. Auch seine letzte große Liebe, die 17jährige Ulrike von Levetzow, wurde von ihm mit Charme und List zu Naturbetrachtungen hingeleitet.

Sowohl bei seiner eigenen wissenschaftlichen Tätigkeit wie bei der Vermittlung von Erkenntnissen anderer Naturforscher war für Goethe die Anschaulichkeit zentral. Dies beweist auch Goethes Panoramabild »Höhen der alten und neuen Welt«, das zugleich ein Zeichen seiner Verbundenheit mit Alexander von Humboldt darstellt.

Im Jahre 1795 lernte Goethe den jungen Alexander von Humboldt kennen. Der damals 25jährige Bergbauingenieur informierte ihn über die neuesten Erkenntnisse in vielen Forschungsgebieten, insbesondere über magnetische und elektrische Erscheinungen. Goethe verfolgte Humboldts Forschungsreise durch Südamerika (1799-1804) mit großem Interesse. Nach der Rückkehr veröffentlichte Humboldt den ersten Band seiner Reisebeschreibung *Ideen zu einer Geographie der Pflanzen, nebst einem Naturgemälde der Tropenländer* (1807) mit einer Widmung an Goethe.

Goethe war beeindruckt von den Angaben Humboldts über die Höhe der Vegetationsgrenzen und der Schneelinie – der unteren Grenze des Dauereises – in den Anden. Da die illustrierende Tafel zu dem Buch nicht mitgeliefert worden war, setzte er sich hin und entwarf »halb im Scherz, halb im Ernst« ein eigenes Panorama nach den Meßwerten Humboldts. Unter dem Titel »Höhen der alten und neuen Welt bildlich verglichen« wurde es 1813 in Bertuchs *Allgemeinen Geographischen Ephemeriden* veröffentlicht, zusammen mit einem Kommentar Goethes. Die Publikation fand großen Anklang: Das Blatt mußte nachgedruckt werden und erschien wenig später auch in einer französischen Fassung in Paris. Als Zeichen seiner Wertschätzung zeichnete Goethe in sein Panorama drei Erforscher von großen Höhen ein: Horace-Bénédict de Saussure steht auf dem Montblanc (4807 m), dessen Gipfel er 1787 als Zweitbesteiger erreicht hatte. Er winkt Humboldt zu, der am Chimborazo bis zu einer Höhe von 5760 Metern gelangt war. Zwischen beiden schwebt der französische Atmosphärenphysiker Joseph Louis Gay Lussac in seinem Forschungsballon, mit dem er am 16. September 1804 bis zur Höhe von 7000 Metern über Meer aufgestiegen war.

1 Steine und Schokolade

»Ideen« Herders neue Schrift* macht wahrscheinlich, daß wir erst Pflanzen und Tiere waren; was nun die Natur weiter aus uns stampfen wird, wird uns wohl unbekannt bleiben. Goethe grübelt jetzt gar denkreich in diesen Dingen, und jedes, was erst durch seine Vorstellung gegangen ist, wird äußerst interessant. So sind mir's durch ihn die gehässigen Knochen geworden und das öde Steinreich …
Charlotte von Stein an Knebel, 1. 5. 1784

Christoph Martin
Wieland (1733-1813)

Goethes wissenschaftliche Bemühungen zu Gunsten eines kleinen Zirkels von Damen, zu welchen auch ich die Ehre habe zu gehören, haben wieder ihren guten Fortgang. Mittwochs von 10 bis 1 Uhr hält er über verschiedentliche naturhistorische Gegenstände Vorlesungen, die auch Papa Wieland* zuweilen besucht. Diese sind würklich sehr lehrreich und unterhaltend.
Luise von Göchhausen an Böttiger, 2. 11. 1805

Goethe hat am vergangnen Mittwoch gar schön über die Elastizität der Luft gesprochen und noch hübscher über die moralische Elastizität, wie große und ungewöhnliche Erscheinungen und Begebenheiten auf den Menschen wirken, ganz nach seiner Art, schön und frisch.
Henriette von Knebel, 14. 12. 1805

Er liest uns jetzt über die Farben, sagt, daß sie in unsern Augen liegen, drum verlange das Auge die Harmonie der Farben, wie das Ohr die Harmonie der Töne etc.
Charlotte von Stein an ihren Sohn Fritz, 15. 1. 1806

Herzogin Luise
von Sachsen-Weimar
(1757-1830)

Vor vierzehn Tagen war er bei der Hoheit* zum Tee und hat mit Ihrer Frau Mutter so interessant gesprochen, und ich hörte und sprach auch mit … Er hat über seine Lieblingsideen, Bildung und Entstehung der Erde, gesprochen und prächtige Sachen gesagt.
Charlotte von Schiller an Prinzessin Caroline, etwa 30. 4. 1811

Intermezzo

84

Goethe war ein so freundlicher, liebenswürdiger alter Herr, an welchen sich ein junges Wesen wohl anschließen konnte, besonders, wenn sie ein reges Interesse an allem nahm, was er in so angenehmer Form ihr lebhaft beschrieb: Blumen, Steine, Sterne und Literatur boten reichen Stoff.

Ein anderes Mal rief Goethe uns zu sich, wo er auf einer langen Tafel alle Steingattungen, welche sich in der Gegend um Marienbad finden, geordnet hatte, er führte mich zu einer Stelle, wo er zwischen den Steinen ein Pfund Wiener Schokolade gelegt hatte, worauf geschrieben stand:
»Genieß das auf deine eigne Weise,
Wo nicht als Trank, doch als geliebte Speise.
                    G.«
... Daß Goethe die Schokolade für mich zwischen die Steine gelegt, war Scherz, weil ich den Steinen kein Interesse abgewinnen konnte.
Ulrike von Levetzow: Erinnerungen ⟨1821/22⟩

Zwischen Laien und Experten

85

Alexander von Humboldt (1769-1859), Schabkunstblatt nach dem Gemälde von Friedrich Georg Weitsch, 1808. Humboldt beeindruckte Goethe durch seine universalen Kenntnisse, die ihn schon in jungen Jahren auszeichneten.

2 Vom Montblanc zum Chimborazo

Seit einigen Tagen zaudre ich, an Sie, verehrter Freund, zu schreiben. Nun will ich aber nicht länger aufschieben, Ihnen für den ersten Band Ihrer Reise auf das beste zu danken. Zu dem großen Geschenk des innern Gehalts kommt noch die freundliche Gabe Ihrer Zuschrift, die nicht angenehmer und ehrenvoller sein könnte. Ich weiß gewiß den Wert eines solchen Andenkens zu schätzen und danke Ihnen recht herzlich, daß Sie zu dem großen Anteil, den ich an Ihnen, Ihren Werken und Taten nehme, noch auf eine so zarte Weise meinem Individuum eine persönliche Teilnahme an den Schätzen gönnen, mit denen Sie uns erfreuen.

Ich habe den Band schon mehrmals mit großer Aufmerksamkeit durchgelesen, und sogleich, in Ermanglung des versprochenen großen Durchschnittes, selbst eine Landschaft phantasiert, wo nach einer an der Seite aufgetragenen Skala von 4000 Toisen* die Höhen der europäischen und amerikanischen Berge gegen einander gestellt sind, so wie auch die Schneelinien und Vegetationshöhen bezeichnet sind. Ich sende eine Kopie dieses halb im Scherz, halb im Ernst versuchten Entwurfs und bitte Sie, mit der Feder und mit Deckfarben nach Belieben hinein zu korrigieren, auch an der Seite etwa Bemerkungen zu machen und mir das Blatt bald möglichst zurückzusenden. Denn die durch den Krieg* unterbrochnen Unterhaltungen am Mittwoch, bei welchen ich unserer verehrten regierenden Herzogin, der Prinzessin und einigen Damen bedeutende Gegenstände der Natur und Kunst vorzulegen pflege, haben wieder ihren Anfang genommen, und ich finde nichts interessanteres und bequemeres, als Ihre Arbeiten dabei zum Grunde zu legen und das Allgemeinere, wie Sie es ja schon selbst tun, anzuknüpfen.

An A. von Humboldt, 3. 4. 1807

1 Toise ≈ 1,95 m

Besetzung Weimars
im Okt. 1806

*Zwischen Laien
und Experten*

87

Höhen der alten und neuen Welt, kolorierte Zeichnung Goethes von 1807, die 1813 auch als Vorlage für einen Stich diente. Dem Verleger Bertuch schrieb Goethe in einem Brief zur Entstehung der Zeichnung: »... um zu bedeuten, daß wir vom Flußbette, ja von der Meeresfläche zu zählen an- fiengen, ließ ich unten ein Krokodil herausblicken, das zu dem Uebrigen etwas colossal gerathen seyn mag.«

Grün: »Wenn man Gelb und Blau, welche wir als die ersten und einfachsten Farben ansehen, gleich bei ihrem ersten Erscheinen, auf der ersten Stufe ihrer Wirkung zusammenbringt, so entsteht diejenige Farbe, welche wir Grün nennen ... Unser Auge findet in derselben eine reale Befriedigung.« (*Farbenlehre*, § 801 f.)

4. »Am farbigen Abglanz haben wir das Leben«[*]

Anschauung statt Abstraktion – Goethes Farbenlehre

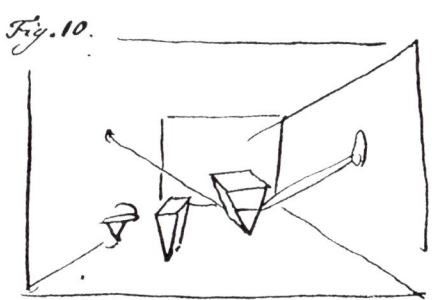

Skizze Goethes zu Versuchen mit Prismen

[*] Faust II, V. 4727

Die Farbenlehre hat Goethe als seine wichtigste wissenschaftliche Leistung betrachtet. Mit keinem Forschungsgebiet hat er sich so lange und ausdauernd beschäftigt, mit keinem aber ist er auch auf so viel Widerstand gestoßen. Die aus künstlerischem Interesse in Italien begonnenen Studien zum Kolorit in der Malerei mündeten in einen vieljährigen Kampf für eine nicht-mathematische Theorie der Farben und gegen die Newtonsche Optik.

Mit den zwei *Beiträgen zur Optik* von 1791 und 1792 zog sich Goethe sogleich den Widerspruch der Physiker zu, weil er seine Zweifel an Newtons Erklärung der Spektralfarben als Komponenten des farblosen Sonnenlichts durchblicken ließ. Seine eigenen Versuche mit Prismen und Lupen zeigten die Farben immer als ein Grenz-Phänomen zwischen Hell und Dunkel bzw.»Licht und Finsternis«. Die Newtonsche Zerlegung des Lichts in einzelne Strahlen erschien ihm als eine ungerechtfertigte Abstraktion; er kritisierte auch Newtons Versuchsbedingungen, insbesondere die Dunkelkammer mit dem winzigen »Löchlein«, weil sie die Phänomene verfälschen würden.

Goethes Experimente mit den Farben fanden dagegen fast ausschließlich in der Tageshelle statt. Die prismatischen Farben sind bei Goethe dynamische Erscheinungen, die am Licht und durch trübe Mittel immer wieder neu entstehen. Besonderen Wert legte er auf die »Vermannigfaltigung« der Versuche durch ständige Abwandlung der Bedingungen, bei denen die Phänomene sich zeigen.

Die Ergebnisse seiner langjährigen Forschungen legte Goethe 1810 in dem *Entwurf einer Farbenlehre* vor. Das Werk besteht aus drei Teilen: einem didaktischen, einem polemischen und einem historischen, der Goethe als Pionier in der Wissenschaftsgeschichte ausweist. Auch in der Erforschung der farbigen Nachbilder und der farbigen Schatten hat Goethe Pionierarbeit geleistet, und in späteren Jahren regte ihn die Entdeckung der »entoptischen Farben« – ein Polarisations-Phänomen – durch den befreundeten Physiker Thomas Johann Seebeck zu neuen Studien an.

Goethes in sich stimmige Farbenlehre beruht auf den Gesetzen der Polarität und der Steigerung und kulminiert in seinem sechsteiligen Farbkreis: Die zwei Grundfarben Gelb und Blau sind dem Licht bzw. der Dunkelheit am nächsten. Sie ergeben

Am farbigen Abglanz
haben wir das Leben

in der Mischung Grün, in der Steigerung aber Orange und Violett; deren Verbindung ergibt Purpurrot als »höchste« Farbe. Diese Farbe, die im Newtonschen Spektrum nicht vorkommt, hat Goethe in der Arbeit mit prismatischen Farben eigentlich ›entdeckt‹.

Die Goethesche Farbenlehre hat bei Künstlern stets Anerkennung gefunden, so schon bei den Zeitgenossen Philipp Otto Runge und William Turner. In der Physik jedoch sollte die polemisch zugespitzte Ablehnung der Spektralanalyse durch Goethe die Auseinandersetzung mit seiner von der sinnlichen Erfahrung ausgehenden Theorie der Farben negativ beeinflussen. Doch hat immerhin einer der größten Physiker des 20. Jahrhunderts, Werner Heisenberg, Goethes qualitativen Ansatz als eine mögliche Alternative zur quantifizierenden Newtonschen Physik gewürdigt, indem er schrieb: »Wenn man … fragt, warum die Newtonsche Optik den Sieg über die Goethesche Farbenlehre davongetragen hat, so wird man neben manchen anderen Gründen feststellen können, daß zwar sehr viele Menschen erfolgreich an der Weiterbildung und der Nutzanwendung der Newtonschen Optik arbeiten konnten, daß aber zur Weiterbildung der Goetheschen Farbenlehre eine sehr hohe künstlerische und wissenschaftliche Begabung nötig gewesen wäre.« (Aus dem Vortrag: »Die Einheit der Natur bei Alexander von Humboldt und in der Gegenwart«, 1969.)

Heisenbergs Worte weisen darauf hin, daß die so oft behauptete Objektivität der Naturwissenschaften im Grunde auf stillschweigenden Übereinkünften der Forschergemeinschaft beruht. Forschungsziele und -methoden einer Wissenschaft ergeben sich nicht aus der Natur selbst, sondern sind kulturell und epochenbedingt vermittelt.

4.1 Ein Maler sucht Gewißheit

Ich war in einsamen Stunden früherer Zeit auf die Natur aufmerksam geworden, wie sie sich als Landschaft zeigt, und hatte, da ich von Kindheit auf in den Werkstätten der Maler aus- und ein ging, Versuche gemacht, das was mir in der Wirklichkeit erschien, so gut es sich schicken wollte, in ein Bild zu verwandlen; ja ich fühlte hiezu, wozu ich eigentlich keine Anlage hatte, einen weit größern Trieb als zu demjenigen, was mir von Natur leicht und bequem war. So gewiß ist es, daß die falschen Tendenzen den Menschen öfters mit größerer Leidenschaft entzünden, als die wahrhaften, und daß er demjenigen weit eifriger nachstrebt was ihm mißlingen muß, als was ihm gelingen könnte.

Je weniger also mir eine natürliche Anlage zur bildenden Kunst geworden war, desto mehr sah ich mich nach Gesetzen und Regeln um; ja ich achtete weit mehr auf das Technische der Malerei als auf das Technische der Dichtkunst: wie man denn durch Verstand und Einsicht dasjenige auszufüllen sucht, was die Natur Lückenhaftes an uns gelassen hat.

Je mehr ich nun ... an Einsicht gewissermaßen zunahm, destomehr fühlte ich das Bodenlose meiner Kenntnisse, und sah immer mehr ein, daß nur von einer Reise nach Italien etwas Befriedigendes zu hoffen sein möchte.

Aus: Farbenlehre, Historischer Teil: Konfession des Verfassers

Mit keinen Worten ist die dunstige Klarheit auszudrücken die um die Küsten schwebte als wir am schönsten Nachmittage gegen Palermo anfuhren. Die Reinheit der Konture, die Weichheit des Ganzen, das Auseinanderweichen der Töne, die Harmonie von Himmel, Meer und Erde. Wer es gesehen hat der hat es auf sein ganzes Leben. Nun versteh' ich erst die Claude Lorrain* und habe Hoffnung auch dereinst in Norden aus meiner Seele Schattenbilder dieser glücklichen Wohnung hervor zu bringen. Wäre nur alles Kleinliche so rein daraus weggewaschen als die Kleinheit der Strohdächer aus meinen Zeichenbegriffen. Wir wollen sehen was diese Königin der Inseln tun kann.

Aus: Italienische Reise

Landschaftsmaler in
Rom (1600-1682)

Am farbigen Abglanz
haben wir das Leben

94

In Italien versuchte Goethe den Gesetzen der Farbgebung in der Malerei auf die Spur zu kommen. 1808, also 21 Jahre später, malte er aus der Erinnerung dieses Aquarell einer sizilianischen Landschaft.

Von einem einzigen Punkte wußte ich mir nicht die mindeste Rechenschaft zu geben: es war das Kolorit.
Mehrere Gemälde waren in meiner Gegenwart erfunden, komponiert, die Teile, der Stellung und Form nach, sorgfältig durchstudiert worden, und über alles dieses konnten mir die Künstler, konnte ich mir und ihnen Rechenschaft, ja sogar manchmal Rat erteilen. Kam es aber an die Färbung, so schien alles dem Zufall überlassen zu sein ...
Aus: Farbenlehre, Historischer Teil: Konfession des Verfassers

Sobald ich nach langer Unterbrechung endlich Muße fand, den eingeschlagenen Weg weiter zu verfolgen, trat mir in Absicht auf Kolorit dasjenige entgegen, was mir schon in Italien nicht verborgen bleiben konnte. Ich hatte nämlich zuletzt eingesehen, daß man den Farben, als physischen Erscheinungen, erst von der Seite der Natur beikommen müsse, wenn man in Absicht auf Kunst etwas über sie gewinnen wolle. Wie alle Welt war ich überzeugt, daß die sämtlichen Farben im Licht enthalten seien; nie war es mir anders gesagt worden, und niemals hatte ich die geringste Ursache gefunden, daran zu zweifeln, weil ich bei der Sache nicht weiter interessiert war. Auf der Akademie hatte ich mir Physik wie ein anderer vortragen und die Experimente vorzeigen lassen.
Aus: Farbenlehre, Historischer Teil: Konfession des Verfassers

Anschauung statt Abstraktion – Goethes Farbenlehre

4.2 Der folgenreiche Blick

Als ich mich nun von seiten der Physik den Farben zu nähern gedachte, las ich in irgend einem Kompendium das hergebrachte Kapitel, und weil ich aus der Lehre wie sie dastand, nichts für meinen Zweck entwickeln konnte; so nahm ich mir vor, die Phänomene wenigstens selbst zu sehen ... Die Hindernisse jedoch, wodurch ich abgehalten ward die Versuche nach der Vorschrift, nach der bisherigen Methode anzustellen, waren Ursache, daß ich von einer ganz andern Seite zu den Phänomenen gelangte und dieselben durch eine umgekehrte Methode ergriff ...

Goethe lieh sich Prismen aus und wollte eine Dunkelkammer einrichten.

So verstrich abermals eine geraume Zeit, die leichte Vorrichtung des Fensterladens und der kleinen Öffnung ward vernachläßigt, als ich von meinem Jenaischen Freunde* einen dringenden Brief erhielt, der mich aufs lebhafteste bat, die Prismen zurückzusenden ... Da ich mich mit diesen Untersuchungen sobald nicht abzugeben hoffte, entschloß ich mich das gerechte Verlangen sogleich zu erfüllen. Schon hatte ich den Kasten hervorgenommen, um ihn dem Boten zu übergeben, als mir einfiel, ich wolle doch noch geschwind durch ein Prisma sehen, was ich seit meiner frühsten Jugend nicht getan hatte. Ich erinnerte mich wohl, daß alles bunt erschien, auf welche Weise jedoch, war mir nicht mehr gegenwärtig. Eben befand ich mich in einem völlig geweißten Zimmer; ich erwartete, als ich das Prisma vor die Augen nahm, eingedenk der Newtonischen Theorie, die ganze weiße Wand nach verschiedenen Stufen gefärbt, das von da ins Auge zurückkehrende Licht in soviel farbige Lichter zersplittert zu sehen.

Aber wie verwundert war ich, als die durchs Prisma angeschaute weiße Wand nach wie vor weiß blieb, daß nur da, wo ein Dunkles dran stieß, sich eine mehr oder weniger entschiedene Farbe zeigte, daß zuletzt die Fensterstäbe am allerlebhaftesten farbig erschienen, indessen am lichtgrauen Himmel draußen keine Spur von Färbung zu sehen war. Es bedurfte keiner langen Überlegung, so erkannte ich, daß eine Grenze not-

vermutlich
K. L. von Knebel

*Am farbigen Abglanz
haben wir das Leben*

Goethes eigenes Auge diente als Modell für diesen Holzschnitt, den er als Umschlag für die Experimentierkarten zum ersten seiner Beiträge zur Optik (1791) entworfen hat. Auge, Linse und Prisma waren seine Hauptversuchsmittel in der Farbenlehre.

wendig sei, um Farben hervorzubringen, und ich sprach wie durch einen Instinkt sogleich vor mich laut aus, daß die Newtonische Lehre falsch sei. Nun war an keine Zurücksendung der Prismen mehr zu denken.

Da ich in solchen Dingen gar keine Erfahrung hatte und mir kein Weg bekannt war, auf dem ich hätte sicher fortwandeln können; so ersuchte ich einen benachbarten Physiker, die Resultate dieser Vorrichtungen zu prüfen. Ich hatte ihn vorher bemerken lassen, daß sie mir Zweifel in Absicht auf die Newtonische Theorie erregt hätten, und hoffte sicher, daß der erste Blick auch in ihm die Überzeugung von der ich ergriffen war, aufregen würde. Allein wie verwundert war ich, als er zwar die Erscheinungen in der Ordnung wie sie ihm vorgeführt wurden, mit Gefälligkeit und Beifall aufnahm, aber zugleich versicherte, daß diese Phänomene bekannt und aus der Newtonischen Theorie vollkommen erklärt seien. Diese Farben gehörten keineswegs der Grenze, sondern dem Licht ganz allein an; die Grenze sei nur Gelegenheit, daß in dem einen Fall die weniger refrangiblen*, im andern die mehr refrangiblen Strahlen zum Vorschein kämen. Das Weiße in der Mitte sei aber noch ein zusammengesetztes, durch Brechung nicht separiertes Licht, das aus einer ganz eigenen Vereinigung farbiger, aber stufenweise übereinandergeschobener Lichter entspringe; welches alles bei Newton selbst und in den nach seinem Sinn verfaßten Büchern umständlich zu lesen sei.

Aus: Farbenlehre, Historischer Teil: Konfession des Verfassers

* durch Brechung
ablenkbaren

*Anschauung statt
Abstraktion –
Goethes Farbenlehre*

97

4.3 Die »inokulierte Krankheit«

eingeimpfte

Ein entschiedenes Aperçu ist wie eine inokulierte* Krankheit anzusehen: man wird sie nicht los bis sie durchgekämpft ist. Schon längst hatte ich angefangen über die Sache nachzulesen. Die Nachbeterei der Kompendien war mir bald zuwider und ihre beschränkte Einförmigkeit gar zu auffallend. Ich ging nun an die Newtonische Optik, auf die sich doch zuletzt jedermann bezog, und freute mich, das Kaptiose*, Falsche seines ersten Experiments mir schon durch meine Tafeln anschaulich gemacht zu haben und mir das ganze Rätsel bequem auflösen zu können. Nachdem ich diese Vorposten glücklich überwältigt, drang ich tiefer in das Buch, wiederholte die Experimente, entwickelte und ordnete sie, und fand sehr bald, daß der ganze Fehler darauf beruhe, daß ein kompliziertes Phänomen zum Grunde gelegt und das Einfachere aus dem Zusammengesetzten erklärt werden sollte. Manche Zeit und manche Sorgfalt jedoch bedurfte es, um die Irrgänge alle zu durchwandern, in welche Newton seine Nachfolger zu verwirren beliebt hat ... so half mir zu einem neuen theoretischen Weg jenes erste Gewahrwerden, daß ein entschiedenes Auseinandertreten, Gegensetzen, Verteilen, Differenzieren, oder wie man es nennen wollte, bei den prismatischen Farbenerscheinungen statt habe, welches ich mir kurz und gut unter der Formel der Polarität zusammenfaßte, von der ich überzeugt war, daß sie auch bei den übrigen Farben-Phänomenen durchgeführt werden könne.

Was mir inzwischen als Privatmann nicht gelingen mochte, bei irgend jemand Teilnahme zu erregen, der sich zu meinen Untersuchungen gesellt, meine Überzeugungen aufgenommen und darnach fortgearbeitet hätte, das wollte ich nun als Autor versuchen, ich wollte die Frage an das größere Publikum bringen. ... indem ich Versuche beschrieb und gleich die Gelegenheit sie anzustellen gab, glaubte ich das Erforderliche getan zu haben, um in irgend einem Geiste das Aperçu* hervorzurufen, das in dem meinigen so lebendig gewirkt hatte.

Allein ich kannte damals, ob ich gleich alt genug war, die Beschränktheit der wissenschaftlichen Gilden noch nicht, diesen Handwerkssinn, der wohl etwas erhalten und fortpflanzen, aber nichts fördern kann, und es waren drei Punkte die für

Verfängliche

bei Goethe:
»Gewahrwerden«

*Am farbigen Abglanz
haben wir das Leben*

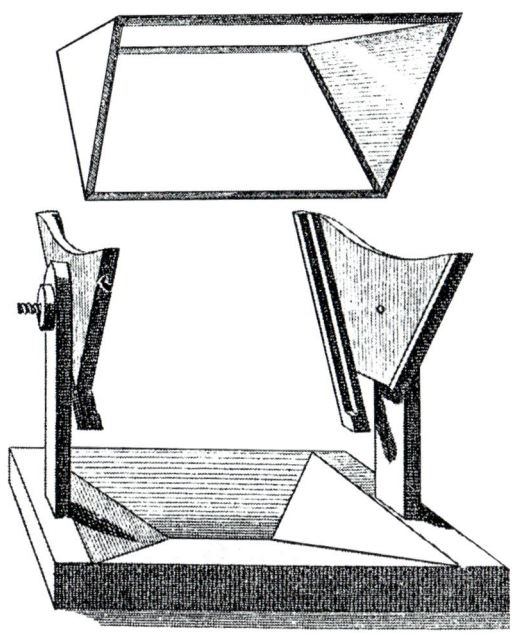

Dem zweiten seiner Beiträge zur Optik (1792) hat Goethe eine Anleitung zum Bau eines Wasserprismas beigegeben. Das Prisma aus bleigefaßtem Glas in einem Holzständer sollte es ermöglichen, sogenannt »objektive« Versuche mit dem einfallenden Sonnenlicht anzustellen, im Gegensatz zu den »subjektiven« Versuchen, bei denen das Prisma vors Auge gehalten wird.

mich schädlich wirkten. Erstlich hatte ich mein kleines Heft: Beiträge zur Optik betitelt. Hätte ich Chromatik* gesagt, so wäre es unverfänglicher gewesen; denn da die Optik zum größten Teil mathematisch ist, so konnte und wollte niemand begreifen, wie einer der keine Ansprüche an Meßkunst machte, in der Optik wirken könne. Zweitens hatte ich, zwar nur ganz leise, angedeutet, daß ich die Newtonische Theorie nicht zulänglich hielte, die vorgetragenen Phänomene zu erklären. Hierdurch regte ich die ganze Schule gegen mich auf und nun verwunderte man sich erst höchlich, wie jemand, ohne höhere Einsicht in die Mathematik, wagen könnte, Newton zu widersprechen. Denn daß eine Physik unabhängig von der Mathematik existiere, davon schien man keinen Begriff mehr zu haben.

Aus: Farbenlehre, Historischer Teil: Konfession des Verfassers

griech.: chroma = Farbe

Anschauung statt Abstraktion – Goethes Farbenlehre

4.4 Ein Urphänomen

Durch Verbindung von Rand und Fläche entstehen Bilder. Wir sprechen daher die Haupterfahrung dergestalt aus: es müssen Bilder verrückt werden, wenn eine Farbenerscheinung sich zeigen soll.

Wir nehmen das einfachste Bild vor uns, ein helles Rund auf dunklem Grunde *A*. An diesem findet eine Verrückung statt, wenn wir seine Ränder von dem Mittelpunkte aus scheinbar nach außen dehnen, indem wir es vergrößern. Dieses geschieht durch jedes konvexe* Glas, und wir erblicken in diesem Falle einen blauen Rand *B*.

nach außen gewölbte

Den Umkreis eben desselben Bildes können wir nach dem Mittelpunkte zu scheinbar hineinbewegen, indem wir das Rund zusammenziehen; da alsdann die Ränder gelb erscheinen. Dieses geschieht durch ein konkaves* Glas ... Damit man aber diesen Versuch auf einmal mit dem konvexen Glas machen könne, so bringe man in das helle Rund auf schwarzem Grunde eine kleinere schwarze Scheibe. Denn vergrößert man durch ein konvexes Glas die schwarze Scheibe auf weißem Grund, so geschieht dieselbe Operation, als wenn man ein weißes Rund verkleinerte: denn wir führen den schwarzen Rand nach dem weißen zu; und wir erblicken also den gelblichen Farbenrand zugleich mit dem blauen *D*.

nach innen gewölbtes

Diese beiden Erscheinungen, die blaue und gelbe, zeigen sich an und über dem Weißen. Sie nehmen, in so fern sie über das Schwarze reichen, einen rötlichen Schein an.

Und hiermit sind die Grundphänomene aller Farbenerscheinung bei Gelegenheit der Refraktion* ausgesprochen, welche denn freilich auf mancherlei Weise wiederholt, variiert, erhöht, verringert, verbunden, verwickelt, verwirrt, zuletzt aber immer wieder auf ihre ursprüngliche Einfalt zurückgeführt werden können.

Lichtbrechung

Am farbigen Abglanz haben wir das Leben

Untersuchen wir nun die Operation, welche wir vorgenommen, so finden wir, daß wir in dem einen Falle den hellen Rand gegen die dunkle, in dem andern den dunkeln Rand gegen die helle Fläche scheinbar geführt, eins durch das andre verdrängt, eins über das andre weggeschoben haben …

Rückt man die helle Scheibe, wie es besonders durch Prismen geschehen kann, im Ganzen von ihrer Stelle; so wird sie in der Richtung gefärbt, in der sie scheinbar bewegt wird, und zwar nach jenen Gesetzen.

Aus: Farbenlehre, Didaktischer Teil, § 198-204

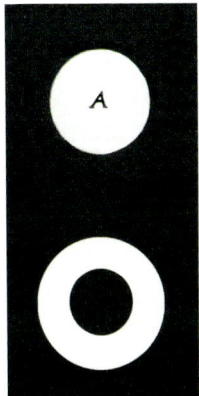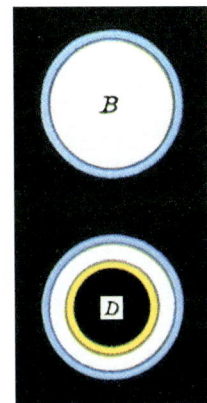

Von Goethe aufgestellter Versuch zur Darstellung des »Urphänomens« in der Farbenlehre. Beim Betrachten der Kreise auf der linken Seite durch eine waagrecht über das Bild gehaltene Leselupe zeigen sich farbige Säume an den Rändern der schwarzen und weißen Flächen, wie rechts schematisch dargestellt.

Ich wußte mir im stillen nicht wenig mit meiner Entdeckung, denn sie schien sich an manches bisher von mir Erfahrne und Geglaubte anzuschließen. Der Gegensatz von warmen und kalten Farben der Maler zeigte sich hier in abgesonderten blauen und gelben Rändern. Das Blaue erschien gleichsam als Schleier des Schwarzen, wie sich das Gelbe als ein Schleier des Weißen bewies. Ein Helles mußte über das Dunkle, ein Dunkles über das Helle geführt werden, wenn die Erscheinung eintreten sollte: denn keine perpendikulare* Grenze war gefärbt. Das alles schloß sich an dasjenige an, was ich in der Kunst von Licht und Schatten, und in der Natur von apparenten Farben gehört und gesehen hatte.

Aus: Farbenlehre, Historischer Teil: Konfession des Verfassers

*senkrechte

Anschauung statt Abstraktion – Goethes Farbenlehre

Die physischen Farben verlangten nun der Ordnung nach meine ganze Aufmerksamkeit. Die Betrachtung ihrer Erscheinungsmittel und Bedingungen nahm alle meine Geisteskräfte in Anspruch. Hier mußt ich nun meine längst befestigte Ueberzeugung aussprechen, daß, da wir alle Farben nur durch Mittel und an Mitteln sehen, die Lehre vom Trüben, als dem allerzartesten und reinsten Materiellen, derjenige Beginn sey woraus die ganze Chromatik sich entwickele.

Aus: Tag- und Jahres-Hefte, 1806

Das höchstenergische Licht, wie das der Sonne ... ist blendend und farblos. So kommt auch das Licht der Fixsterne meistens farblos zu uns. Dieses Licht aber durch ein auch nur wenig trübes Mittel gesehen, erscheint uns gelb. Nimmt die Trübe eines solchen Mittels zu, oder wird seine Tiefe vermehrt, so sehen wir das Licht nach und nach eine gelbrote Farbe annehmen, die sich endlich bis zum Rubinroten steigert.

Wird hingegen durch ein trübes, von einem darauffallenden Lichte erleuchtetes Mittel die Finsternis gesehen, so erscheint uns eine blaue Farbe, welche immer heller und blässer wird, je mehr sich die Trübe des Mittels vermehrt, hingegen immer dunkler und satter sich zeigt, je durchsichtiger das Trübe werden kann, ja bei dem mindesten Grad der reinsten Trübe, als das schönste Violett dem Auge fühlbar wird.

Wenn wir die Fälle durchgehn, unter welchen uns dieses wichtige Grundphänomen erscheint, so erwähnen wir billig zuerst der atmosphärischen Farben, deren meiste hieher geordnet werden können.

Die Sonne, durch einen gewissen Grad von Dünsten gesehen, zeigt sich mit einer gelblichen Scheibe. Oft ist die Mitte noch blendend gelb, wenn sich die Ränder schon rot zeigen.
... bei der Disposition der Atmosphäre, wenn in südlichen Gegenden der Scirocco* herrscht, erscheint die Sonne rubinrot mit allen sie im letzten Falle gewöhnlich umgebenden Wolken, die alsdann jene Farbe im Widerschein zurückwerfen.
Morgen- und Abendröte entsteht aus derselben Ursache. Die Sonne wird durch eine Röte verkündigt, indem sie durch eine

Sand mitführender
Wüstenwind

*Am farbigen Abglanz
haben wir das Leben*

größere Masse von Dünsten zu uns strahlt. Je weiter sie herauf kommt, desto heller und gelber wird der Schein.

Wird die Finsternis des unendlichen Raums durch atmosphärische vom Tageslicht erleuchtete Dünste hindurch angesehen, so erscheint die blaue Farbe. Auf hohen Gebirgen sieht man am Tage den Himmel königsblau, weil nur wenig feine Dünste vor dem unendlichen finstern Raum schweben; sobald man in die Täler herabsteigt, wird das Blaue heller, bis es endlich, in gewissen Regionen und bei zunehmenden Dünsten, ganz in ein Weißblau übergeht.

Die blaue Erscheinung an dem untern Teil des Kerzenlichtes gehört auch hieher. Man halte die Flamme vor einen weißen Grund, und man wird nichts Blaues sehen; welche Farbe hingegen sogleich erscheinen wird, wenn man die Flamme gegen einen schwarzen Grund hält.

Übrigens ist der Rauch gleichfalls als ein trübes Mittel anzusehen, das uns vor einem hellen Grunde gelb oder rötlich, vor einem dunkeln aber blau erscheint.
Aus: Farbenlehre, Didaktischer Teil, § 150-155, 159 f.

Freunde flieht die dunkle Kammer
Wo man euch das Licht verzwickt,
Und mit kümmerlichstem Jammer
Sich verschrobnen Bilden bückt.
Abergläubische Verehrer
Gab's die Jahre her genug,
In den Köpfen eurer Lehrer
Laßt Gespenst und Wahn und Trug.

Wenn der Blick an heitern Tagen
Sich zur Himmelsbläue lenkt,
Beim Siroc der Sonnenwagen
Purpurrot sich niedersenkt,
Da gebt der Natur die Ehre,
Froh, an Aug' und Herz gesund,
Und erkennt der Farbenlehre
Allgemeinen ewigen Grund.
Aus: Zahme Xenien, VI

Anschauung statt Abstraktion – Goethes Farbenlehre

4.5 Physisches gegen die Physiker

Die objektiven Versuche geben uns den Vorteil, daß wir das Werdende des Phänomens, seine sukzessive Genese außer uns darstellen und zugleich mit Linearzeichnungen deutlich machen können, welches bei subjektiven der Fall nicht ist.
Aus: Farbenlehre, Didaktischer Teil, § 325

Die größere Figur . . . zeigt nunmehr ausführlich, was vorgeht, wenn ein leuchtendes Bild objektiv durchs Prisma verrückt wird. Die beiden Farbensäume fangen in einem Punkte an, da wo Hell und Dunkel an einander grenzt; sie lassen ein reines Weiß zwischen sich, bis dahin, wo sie sich treffen; da denn erst ein Grün entspringt, welches sich verbreitet, zuvor das Blaue völlig und dann zuletzt auch das Gelbe aufzehrt. Das anstoßende Blaue und Blaurote können dieser grünen Mitte beim weiter Fortschritte nichts anhaben.

Diese Einsicht wird vermehrt und gestärkt, wenn man hier vergleicht, was mit Verrückung eines völlig gleichen dunklen Bildes vorgeht. Hier ist eben das Austreten, eben das Verbreitern; hier bleibt das reine Dunkel, wie dort das reine Helle, in der Mitten. Die entgegengesetzten Säume greifen wieder über einander, und wie dort Grün, so entsteht hier ein vollkommenes Rot . . . Dieses Spektrum über ein dunkles Bild hervorgebracht, ist eben so gut ein Spektrum als jenes über das helle Bild hervorgebrachte.
Aus: Erklärung der zu Goethes Farbenlehre gehörigen Tafeln

Newton begeht . . . den Fehler, . . . daß er nämlich das prismatische Bild als ein fertiges unveränderliches ansieht, da es doch eigentlich immer nur ein werdendes und immer abänderliches bleibt. Wer diesen Unterschied wohl gefaßt hat, der kennt die Summe des ganzen Streites und wird unsre Einwendungen nicht allein einsehen und ihnen beipflichten, sondern er wird sie sich selbst entwickeln.
Aus: Farbenlehre, Polemischer Teil, § 101

*Am farbigen Abglanz
haben wir das Leben*

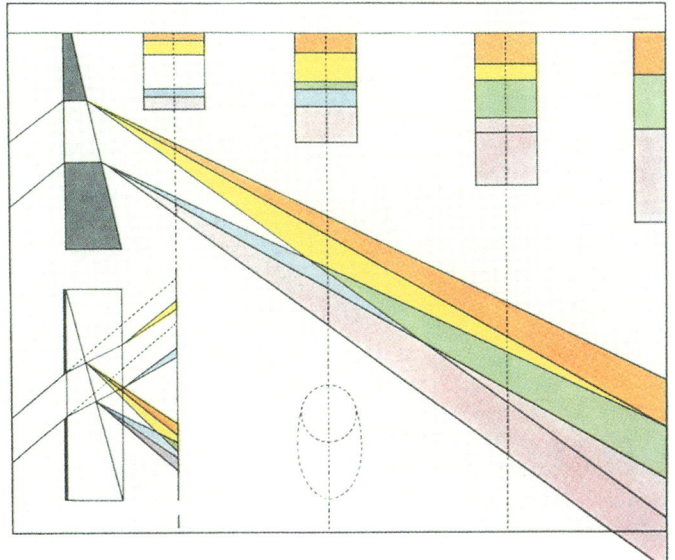

Tafel 5 zur Farbenlehre. Grün ist für Goethe – im Unterschied zu Newton – eine zusammengesetzte Farbe. Sie entsteht im subjektiven wie hier im objektiven Versuch durch das Überschneiden der blauen und gelben Farbränder.

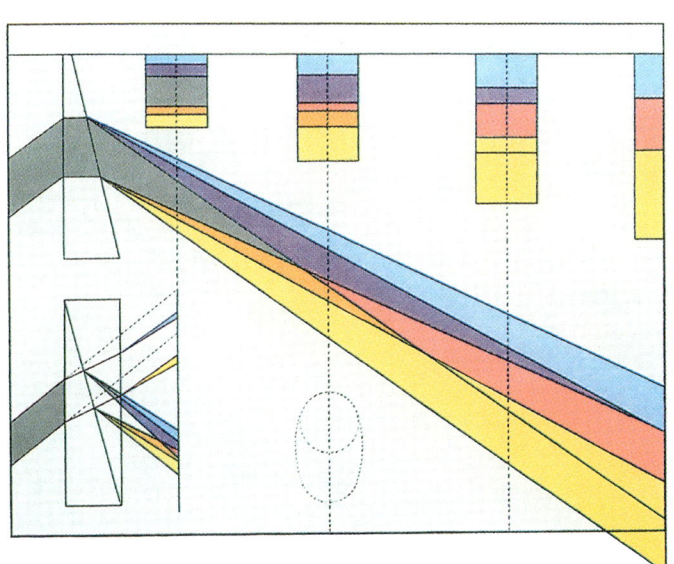

Tafel 6 zur Farbenlehre. Im umgekehrten Versuch mit einem schwarzen Balken anstelle des Spaltes entsteht die Mischfarbe Purpur, die im Newtonschen Spektrum nicht vorkommt.

Anschauung statt
Abstraktion –
Goethes Farbenlehre

4.6 Die Farben im Auge

ca. 30 sec

Man halte ein kleines Stück lebhaft farbigen Papiers, oder seidnen Zeuges, vor eine mäßig erleuchtete weiße Tafel, schaue unverwandt auf die kleine farbige Fläche und hebe sie, ohne das Auge zu verrücken, nach einiger Zeit* hinweg; so wird das Spektrum einer andern Farbe auf der weißen Tafel zu sehen sein. Man kann auch das farbige Papier an seinem Orte lassen, und mit dem Auge auf einen andern Fleck der weißen Tafel hinblicken; so wird jene farbige Erscheinung sich auch dort sehen lassen: denn sie entspringt aus einem Bilde, das nunmehr dem Auge angehört.

ausgemalten

Um in der Kürze zu bemerken, welche Farben denn eigentlich durch diesen Gegensatz hervorgerufen werden, bediene man sich des illuminierten* Farbenkreises unserer Tafeln, der überhaupt naturgemäß eingerichtet ist, und auch hier seine guten Dienste leistet, indem die in demselben diametral einander entgegengesetzten Farben diejenigen sind, welche sich im Auge wechselsweise fordern. So fordert Gelb das Violette, Orange das Blaue, Purpur das Grüne, und umgekehrt. So fordern sich alle Abstufungen wechselsweise, die einfachere Farbe fordert die zusammengesetztere und umgekehrt.

Öfter, als wir denken, kommen uns die hieher gehörigen Fälle im gemeinen Leben vor, ja der Aufmerksame sieht diese Erscheinungen überall, da sie hingegen von dem ununterrichteten Teil der Menschen, wie von unsern Vorfahren, als flüchtige Fehler angesehen werden, ja manchmal gar, als wären es Vorbedeutungen von Augenkrankheiten, sorgliches Nachdenken erregen. Einige bedeutende Fälle mögen hier Platz nehmen.

Als ich gegen Abend in ein Wirtshaus eintrat und ein wohlgewachsenes Mädchen mit blendendweißem Gesicht, schwarzen Haaren und einem scharlachroten Mieder zu mir ins Zimmer trat, blickte ich sie, die in einiger Entfernung vor mir stand, in der Halbdämmerung scharf an. Indem sie sich nun darauf hinwegbewegte, sah ich auf der mir entgegenstehenden weißen Wand ein schwarzes Gesicht, mit einem hellen Schein umgeben,

Am farbigen Abglanz haben wir das Leben

Jede Farbe erregt im Auge ihre Gegenfarbe. Das von Goethe vorgeschlagene Experiment kann unter Abdeckung einer Farbfläche oder mit beiden Farbflächen zugleich vorgenommen werden.

und die übrige Bekleidung der völlig deutlichen Figur erschien von einem schönen Meergrün.

Am 19. Jun. 1799, als ich zu später Abendzeit, bei der in eine klare Nacht übergehenden Dämmerung, mit einem Freunde im Garten auf- und abging, bemerkten wir sehr deutlich an den Blumen des orientalischen Mohns, die vor allen andern eine sehr mächtig rote Farbe haben, etwas Flammenähnliches, das sich in ihrer Nähe zeigte. Wir stellten uns vor die Stauden hin, sahen aufmerksam darauf, konnten aber nichts weiter bemerken, bis uns endlich, bei abermaligem Hin- und Wiedergehen, gelang, indem wir seitwärts darauf blickten, die Erscheinung so oft zu wiederholen, als uns beliebte. Es zeigte sich, daß es ein physiologisches Farbenphänomen, und der scheinbare Blitz eigentlich das Scheinbild der Blume, in der geforderten blaugrünen Farbe sei.

Aus: Farbenlehre, Didaktischer Teil, § 49-54

*Anschauung statt
Abstraktion –
Goethes Farbenlehre*

4.7 Credo eines Unbeirrbaren

Je länger ich lebe, je mehr freue ich mich meiner lichten Ketzerei, da die herrschende Kirche der dunklen Kammer, des kleinen Löchleins und in der neuern Zeit der kleinen Löchlein zu hunderten bedarf, um das Offenbarste zu verheimlichen und das Planste zu verwirren.
An Zelter, 1. 2. 1831

Newton, als Mathematiker, steht in so hohem Ruf, daß der ungeschickteste Irrthum: nämlich das klare, reine ewig ungetrübte Licht sey aus dunklen Lichtern zusammengesetzt, bis auf den heutigen Tag sich erhalten hat; und sind es nicht Mathematiker die dieses Absurde noch immer vertheidigen und gleich dem gemeinsten Hörer in Worten wiederholen bey denen man nichts denken kann?
Aus: Sprüche in Prosa

Mit Goethe zu Tisch. Wir sprachen, woher es gekommen, daß seine ›Farbenlehre‹ sich so wenig verbreitet habe. »Sie ist sehr schwer zu überliefern«, sagte er, »denn sie will, wie Sie wissen, nicht bloß gelesen und studiert, sondern sie will getan sein, und das hat seine Schwierigkeit.«
Aus: Eckermann: Gespräche mit Goethe, 21. 12. 1831

Was ich treibe, ist immer ein offenbares Geheimnis. Es freut mich, daß meine Farbenlehre als Zankapfel die gute Wirkung tut. Meine Gegner schmatzen daran herum, wie Karpfen an einem großen Apfel den man ihnen in den Teich wirft. Diese Herren mögen sich gebärden, wie sie wollen, so bringen sie wenigstens dieses Buch nicht aus der Geschichte der Physik heraus. Mehr verlang' ich nicht; es mag übrigens, jetzt oder künftig, wirken was es kann.
An F. A. Wolf, 28. 9. 1811

Am farbigen Abglanz
haben wir das Leben

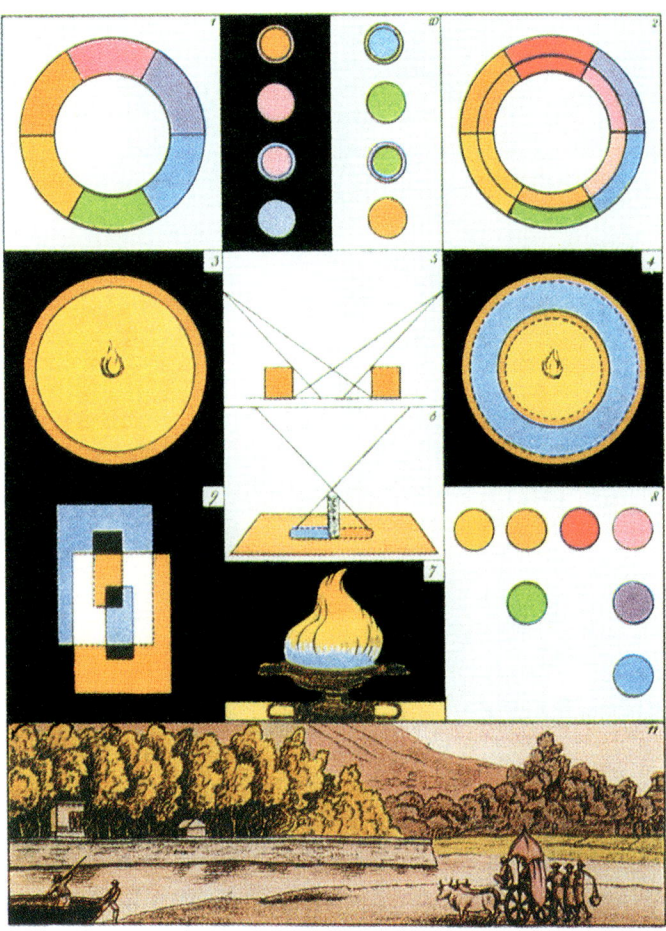

Die erste Tafel zur Farbenlehre dokumentiert die Vielseitigkeit von Goethes Versuchen. Sie umfaßt u. a. Illustrationen zum Sehen von Farbenblinden, zum Urphänomen – am Beispiel einer Flamme –, zum Abklingen von blendenden Bildern im Auge und zu den farbigen Schatten.

Blau: »So wie Gelb immer ein Licht mit sich führt, so kann man sagen, daß Blau immer etwas Dunkles mit sich führe ... Es ist etwas Widersprechendes von Reiz und Ruhe im Anblick ... Wie wir einen angenehmen Gegenstand, der vor uns flieht, gern verfolgen, so sehen wir das Blaue gern an, nicht weil es auf uns dringt, sondern weil es uns nach sich zieht.« (*Farbenlehre*, § 778 ff.)

5. »Und selbst im Großen ist es nicht Gewalt«[*]

Goethes geologische Überzeugungen

Schräge und waagrechte Felsformationen, Skizzen von Goethe

[*] Faust II, V. 7864

Die Wiederaufnahme des Bergbaus in Ilmenau gehörte zu den ersten Projekten, die Goethe als junger Minister in Weimar zu betreuen hatte. Er widmete sich dieser Aufgabe ab 1776 mit großem Eifer, erwarb die nötigen technischen und mineralogischen Kenntnisse und begann sich dabei immer mehr für die Erdgeschichte zu interessieren. So war seine zweite Schweizer Reise von 1779, die er zusammen mit Herzog Carl August unternahm, bereits deutlich von geologischen Interessen geprägt. In Genf unterhielt man sich mit Horace-Bénédict de Saussure, der gerade den ersten Band seiner *Voyages dans les Alpes* vollendet hatte. Auf der Reise durch die Schweiz begann Goethe auch mit dem Sammeln von Gesteinen und Mineralien, das er bis an sein Lebensende betreiben sollte.

Die Lektüre von Buffons *Epoques de la nature* und die Vermittlung der Lehren des Freiberger Professors Abraham Gottlob Werner durch den jungen Bergbauingenieur Johann Karl Wilhelm Voigt machte Goethe mit der »neptunistischen« Theorie der Erdbildung bekannt, die einen sukzessiven Niederschlag der verschiedenen Gesteinsarten aus einem die ganze Erde bedeckenden Urmeer annahm. Die Frage nach der Entstehungsweise des Granits, der damals als die unterste und damit auch älteste Gesteinsart der Erde galt, beschäftigte Goethe bei seinen Reisen in den Harz in den Jahren 1783 und 1784. Auch in der Geologie war sein Augenmerk auf Gestaltungen und auf gesetzmäßige Wachstumsprozesse gerichtet. Er deutete – ausgehend von Vermutungen de Saussures – die Spannungsrisse im Granit als Zeichen einer langsamen und kontinuierlichen Kristallisation aus dem Wasser.

Die wissenschaftlichen Gegner der »Neptunisten«, die sogenannten »Vulkanisten«, sahen dagegen den Granit – wie heute – als Abkühlungsprodukt einer Schmelze an. Obwohl Goethe die Gewalt der vulkanischen Tätigkeit in Italien bei der Besteigung von Vesuv und Ätna auf eindrückliche Weise selbst erfahren hatte, konnte er sich nie dazu durchringen, dem Vulkanismus eine entscheidende Rolle bei der Gestaltung der Erdoberfläche zuzugestehen. Selbst die Berichte von einem Gewährsmann wie Alexander von Humboldt vermochten seinen Widerwillen gegen gewaltsame Ursachen in der Natur nicht zu überwinden.

Goethe bevorzugte chemische Erklärungsweisen gegenüber

Und selbst im Großen ist es nicht Gewalt

mechanischen und deutete schließlich auch heterogene Gesteinsarten wie die Breccien und Nagelfluh nicht als verbackene Trümmer, sondern als eine ursprüngliche Bildung, die er mit dem Gerinnen von Milch verglich.

Goethes anhaltendes Interesse für geologische Probleme zeigte sich vor allem auf seinen Reisen. Thüringen, die Schweiz, Italien, den Harz, das Fichtelgebirge und viele andere Lokalitäten lernte er so ›von Grund auf‹ kennen. Während der sommerlichen Badeaufenthalte in Böhmen durchstreifte er die Umgebung von Karlsbad und Marienbad, sammelte Steine und achtete dabei besonders auf die Übergänge von einer Gesteinsart in die andere, weil er sie als Zeugen für das kontinuierliche Werden der Erdoberfläche ansah.

Seine selbst eingestandene Unfähigkeit, geologische Theorien zu akzeptieren, in denen die Erdgeschichte als ein Spiel des Zufalls und der Gewalt erschien, mußte Goethe von der weiteren Entwicklung der Geologie abtrennen. Dafür kann man ihn als einen frühen Vertreter der Eiszeittheorie bezeichnen, weil er schon 1828 eine Verfrachtung durch Gletscher annahm, um etwa die Findlinge am Genfer See zu erklären. Andere Forscher seiner Zeit deuteten die erratischen Blöcke hingegen als Wurfgeschosse, die bei der rasanten Auffaltung der Alpen weit in die Runde geschleudert worden seien.

Daß es in der heutigen Geologie wieder ruhiger zugeht, ist dem erweiterten Zeitrahmen zu verdanken, der ein Alter der Erde von 4,6 Milliarden Jahren umspannt, so daß sich die geologischen Prozesse in einer Langsamkeit vollziehen können, die in einem Menschenleben kaum spürbar wird. – Zu Goethes Zeit rechnete man dagegen nur mit einigen tausend oder zehntausend Jahren. Vulkanistische und neptunistische Hypothesen sind nun verbunden in der Theorie vom Kreislauf der Gesteine in der Erdkruste: Erosion und Ablagerung bilden Sedimente, die in die Tiefe absinken und dort durch Hitze und Druck verformt oder aufgeschmolzen werden. Die metamorphen und die Erstarrungsgesteine gelangen wieder an die Erdoberfläche, wo sie erneut der Erosion ausgesetzt sind. Nicht das Alter, sondern die Entstehungsbedingungen definieren eine bestimmte Gesteinsart.

Goethes geologische
Überzeugungen

5.1 Schöne Tage in Ilmenau

Lieber Bruder, wir sind in Ilmenau, seit 3 Wochen wohnen wir auf dem Thüringer Wald, und ich führe mein Leben in Klüfften, Höhlen, Wäldern, in Teichen, unter Wasserfällen, bey den Unterirdischen, und weide mich aus in Gottes Welt.
An Herder, 9. 8. 1776

Wir sind auf die hohen Gipfel gestiegen und in die Tiefen der Erde eingekrochen, und mögten gar zu gern der grosen formenden Hand nächste Spuren entdecken. Es kommt gewiss noch ein Mensch der darüber klaar sieht. Wir wollen ihm vorarbeiten. Wir haben recht schöne grose Sachen entdeckt, die der Seele einen Schwung geben und sie in der Wahrheit ausweiten. *den Bergleuten* Könnten wir nur auch bald den armen Maulwürfen* von hier Beschäfftigung und Brod geben.
An Charlotte von Stein, 7. 9. 1780

Dampfende Täler bei Ilmenau, Zeichnung Goethes vom 23. Juli 1776. Die Ilmenauer Bergwerke gaben den Anstoß zu Goethes Beschäftigung mit Mineralogie und Geologie.

... wie der Hirsch und der Vogel sich an kein Territorium kehrt, sondern sich da äst und dahin fliegt, wo es ihn gelüstet, so, halt' *Und selbst im Großen* ich davon, muß der Beobachter auch sein. Kein Berg sei ihm zu *ist es nicht Gewalt* hoch, kein Meer zu tief. Da er die ganze Erde umschweben will, so sei er frei gesinnt wie die Luft, die Alles umgibt. Weder Fabel

noch Geschichte, weder Lehre noch Meinung halte ihn ab zu schauen. Er sondere sorgfältig das, was er gesehen hat, von dem, was er vermutet oder schließt. Jede richtig aufgezeichnete Bemerkung ist unschätzbar für den Nachfolger, indem sie ihm von entfernten Dingen anschauende Begriffe gibt, die Summe seiner eigenen Erfahrungen vermehrt und aus mehreren Menschen endlich gleichsam ein Ganzes macht ...
Noch eins muß ich freilich mit beifügen. Bei dieser Sache, wie bei tausend ähnlichen, ist der anschauende Begriff dem wissenschaftlichen unendlich vorzuziehen. Wenn ich auf, vor oder in einem Berge stehe, die Gestalt, die Art, die Mächtigkeit seiner Schichten und Gänge betrachte und mir Bestandteile und Form in ihrer natürlichen Gestalt und Lage gleichsam noch lebendig entgegenrufe, und man mit dem lebhaften Anschauen *so ist's* einen dunkeln Wink in der Seele fühlt *so ist's erstanden!* wie wenig kann ich freilich davon mit den abgebrochenen Musterstücken und den wieder auf der andern Seite zu generalisierten Durchschnitten überschicken.
An Ernst II., Herzog von Sachsen-Gotha und Altenburg, 27. 12. 1780

Wo der Mensch im Leben hergekommen, die Seite von welcher er in ein Fach hereingekommen läßt ihm einen bleibenden Eindruck eine gewisse Richtung seines Ganges für die Folge, welches natürlich und notwendig ist.
Ich aber habe mich der Geognosie* befreundet, veranlaßt durch den Flözbergbau*. Die Konsequenz dieser übereinander geschichteten Massen zu studieren verwandte ich mehrere Jahre meines Lebens. Diesen Ansichten war die Wernerische* Lehre günstig und ich hielt mich zu derselben, wenn ich schon recht gut zu fühlen glaubte daß sie manche Probleme unaufgelöst liegen ließ.
Aus: ⟨Über die Gestalt und die Urgeschichte der Erde ... 1829⟩

älter für: Geologie
Kupferschieferabbau

Neptunismus

Goethes geologische Überzeugungen

5.2 Schweizer Offenbarungen

Birs im Basler Jura

Durch den Rüken einer hohen und breiten Gebirgkette hat die Birsch* ein mässiger Fluss sich einen Weeg von uralters gesucht. Das Bedürfniss mag nachher durch diese Schlüchter ängstlich nachgeklettert seyn. Die Römer erweiterten schon den Weeg und nun ist er sehr bequem durchgeführt. Das über Felsstücke rauschende Wasser und der Weeg gehen neben einander weg und machen an den meisten Orten die ganze Breite des Passes der auf beiden Seiten von Felsen beschlossen ist, die ein gemächlich aufgehobenes Auge fassen kann. Hinterwärts heben Gebirge sanft ihre Rüken, deren Gipfel uns von Nebel bedekt waren ...

Am Ende der Schlucht stiege ich ab und kehrte einen Theil alleine zurük. Ich entwikelte noch ein tiefes Gefühl was das Vergnügen auf einen hohen Grad für aufmerksame Augen vermehrt. Man ahndet im Dunkeln die Entstehung und das Leben dieser seltsamen Gestalten. Es mag geschehen seyn wie und wann es wolle, so haben sich diese Massen nach der Schweere und Aehnlichkeit ihrer Theile gros und einfach zusammengesezt. Was für Revolutionen sie nachhero bewegt, getrennt, gespalten haben, so sind auch diese auch nur einzelne Erschütterungen gewesen und selbst der Gedanke einer so ungeheuren Bewegung giebt ein hohes Gefühl von ewiger Festigkeit. Die Zeit hat auch gebunden an die ewige Geseze, bald mehr bald weniger auf sie gewirkt.

Sie scheinen innerlich von gelblicher Farbe zu seyn, allein das Wetter und die Luft verändern die Oberfläche in graublau, dass nur hier und da in Streifen und in frischen Spalten die erste Farbe sichtbar ist. Langsam verwittert der Stein selbst und rundet sich an den Eken ab, weichere Fleken werden weggezehrt, und so giebts gar zierlich ausgeschweifte Hölen und Löcher, die wenn sie mit scharffen Kannten und Spizzen zusammentreffen sich seltsam zeichnen.

Die Vegetation behauptet ihr Recht auf iedem Vorsprung, Fläche und Spalt fassen Fichten Wurzel, Moos und verwandte Kräuter säumen die Felsen. Man fühlt tief, hier ist nichts willkührliches, alles langsam bewegendes ewiges Gesez ...

Und selbst im Großen ist es nicht Gewalt

An Charlotte von Stein, 3. 10. 1779

Zu den frühesten Zeugen von Goethes Sammeltätigkeit gehört eine Kollektion von geschliffenen Kalktäfelchen aus dem Berner Oberland. Goethes Sammlung von Gesteinen und Mineralien umfaßte zuletzt ca. 19 000 Stück.

Haben Sie viel Danck theuerster HE. Collega für Ihren angenehmen Brief, ich erhielt ihn schon als wir das erstemal in Bern ankamen. Seit der Zeit haben wir den Weeg durch die Eisgebürge des Cantons und was dran hängt gemacht, wir haben den Staubbach, die Glätscher im Lauterbrunn und Grindelwald, den Fall des Reichenbachs, Meyringen, das Thal nach der Grimsel bis Guthdannen, den Brigenzer* und Thuner See pp bey dem schönsten Wetter mit allem Glück und Zufriedenheit gesehen, und die Schönheit und Herrlichkeit dieser Gegenstände geht über alle Gedanken und Worte. Der Herzog ist sehr vergnügt dass es so auserordentlich geglückt hat.
An Rat Christian Friedrich Schnauß, 16. 10. 1779

Brienzer

Goethes geologische Überzeugungen

… so wollte man hier* den Herzog von der Reise in die Savoyischen Eisgebürge die er sich selbst imaginirt hat und von der er sich viel Vergnügen verspricht mit den ernsthaftesten Protestationen abhalten. Man wollte eine Staats und Gewissenssache daraus machen, dass wir glaubten am besten zu thun, wenn wir uns erst des Raths eines erfahrenen Mannes versicherten. Wir kompromittirten* daher auf den Professor de Saussure und nahmen uns vor nichts zu thun oder zu lassen als was dieser zu oder abrathen würde. Es fuhr iemand von der Gegenparthei mit zu ihm hinaus und auf ein simples exposé entschied er zu unserm grossen Vergnügen, dass wir ohne die geringste Fahr noch Sorge den Weeg in dieser so gut als in einer frühern Jahrszeit machen könnten. Er zeigte uns an was in den kurzen Tagen zu sehen würde möglich seyn, wie wir gehen und was für Vorsorge wir gebrauchen sollten. Er spricht nicht anders von diesem Gange als wie wir einem Fremden vom Buffarthischen Schloss* oder vom Etterischen Steinbruch erzählen werden. Und das sind dünkt mich die Leute die man fragen muss, wenn man in der Welt fort kommen will.

An Charlotte von Stein, 2. 11. 1779

Im Kurzen nur! von Genf haben wir die Savoyer Eisgebürge durchstrichen, sind von da ins Wallis gefallen, haben dieses die ganze Länge hinauf durchzogen, und endlich über die Furcke* auf den Gotthart gekommen. Es ist diese Lienie auf dem Papier geschwind mit dem Finger gefahren, der Reichthum von Gegenständen aber unbeschreiblich, und das Glück in dieser Jahrszeit seinen Plan rein durchzuführen über allen Preis. Hier oben ist alles Schnee.

An Charlotte von Stein, 13. 11. 1779

… ich bin überzeugt, daß bei so viel Versuchen und Hülfsmitteln ein einziger großer Mensch, der mit den Füßen oder dem Geist die Welt umlaufen könnte, diesen seltsamen zusammen gebauten Ball ein vor allemal erkennen und uns beschreiben könnte, was vielleicht schon Büffon im höchsten Sinne gethan hat, weswegen auch Franzosen und Teutschfranzosen und Teutsche sagen, er habe einen Roman geschrieben, welches sehr wohl gesagt ist, weil das ehrsame Publicum alles außerordentliche nur durch den Roman kennt. Hast du des de Saussure

Marginalien:
in Genf

einigten uns

Höhlenburg bei Buchfart

Furkapaß

Und selbst im Großen ist es nicht Gewalt

Horace-Bénédict de Saussure (1740-1799), Zweitbesteiger des Montblanc und Pionier der Alpenforschung. Goethe lernte ihn 1779 in Genf kennen.

Voyage dans les Alpes gesehen? Das kleine Viertel, das ich davon noch habe lesen können, macht mir sehr viel Liebe und Zutrauen zu diesem Manne. Ich habe vor, wenn ich das Buch durchhabe, ihn, oder einen andern Genfer, den ich kenne, um die Steinarten zu bitten, die er beschreibt, es ist das einzige Mittel, wie man sich kann verstehen lernen.
An Merck, 11. 10. 1780

Goethes geologische Überzeugungen

5.3 Der dreieinige Granit

Da wir von denen Gebürgs-Lagen reden wollen in der Ordnung wie wir solche auf- und nebeneinander finden, so ist es natürlich daß wir von dem Granit den Anfang machen.

Denn es stimmen alle Beobachtungen deren neuerdings so viele angestellt worden darin überein, daß er die tiefste Gebürgsart unseres Erdbodens ist, daß alle übrigen auf und neben ihm gefunden werden er hingegen auf keiner andern aufliegt, so daß er wenn er auch nicht den ganzen Kern der Erde ausmacht, doch wenigstens die tiefste Schale ist die uns bekannt geworden.

Aus: ⟨Granit I⟩

So viel wissen wir von diesem Gesteine und wenig mehr. Aus bekannten Bestandteilen auf eine geheimnisreiche Weise zusammengesetzt, erlaubt es eben so wenig seinen Ursprung aus Feuer wie aus Wasser herzuleiten. Höchst mannigfaltig in der größten Einfalt, wechselt seine Mischung ins Unzählige ab. Die Lage und das Verhältnis seiner Teile seine Dauer seine Farbe ändert sich mit jedem Gebürge und die Massen eines jeden Gebürges sind oft von Schritt zu Schritte wieder in sich unterschieden, und im ganzen doch wieder immer einander gleich. Und so wird jeder der den Reiz kennt den natürliche Geheimnisse für den Menschen haben, sich nicht wundern daß ich den Kreis der Beobachtungen den ich sonst betreten, verlassen und mich mit einer recht leidenschaftlichen Neigung in diesen gewandt habe. Ich fürchte den Vorwurf nicht daß es ein Geist des Widerspruches sein müsse der mich von Betrachtung und Schilderung des menschlichen Herzens des jüngsten mannigfaltigsten beweglichsten veränderlichsten, erschütterlichsten Teiles der Schöpfung zu der Beobachtung des ältesten, festesten, tiefsten, unerschütterlichsten Sohnes der Natur geführt hat. Denn man wird mir gerne zugeben daß alle natürlichen Dinge in einem genauen Zusammenhange stehen, daß der forschende Geist sich nicht gerne von etwas Erreichbarem ausschließen läßt. Ja man gönne mir, der ich durch die Abwechselungen der menschlichen Gesinnungen, durch die schnellen Bewegungen derselben in mir selbst und in andern manches gelitten habe und leide, die erhabene Ruhe, die jene einsame stumme Nähe

Und selbst im Großen ist es nicht Gewalt

der großen leise sprechenden Natur gewährt, und wer davon eine Ahndung hat folge mir.

Aus: ⟨Granit II⟩

Obgleich der Granit, chemisch betrachtet, mehrere Bestandteile, sowohl metallischer als erdiger Natur enthalten mag, so sind doch die Kiesel- und Ton-Erden darin überwiegend; jene erscheint am reichsten in dem eingemischten Quarze, beide zusammen bilden Feldspat und Glimmer, den ersten meist gestaltlos, den zweiten oft tafel- und säulenartig, den dritten hingegen fein blättrig gebildet. Solange diese drei sichtbare und fühlbare Bestandteile einander das Gleichgewicht halten, so daß alle mit und neben einander sich befinden, sich an einander schließen und ihre trinitarische* Einheit behaupten, so behält das Gestein, wenn es sich auch noch so mannigfaltig in Farbe und Form seiner Teile darstellt, mit Recht den Namen des Granits und bildet hohe weit ausgebreitete Grund- und Urgebirge. Wenn aber in derselben das Übergewicht eines Teiles bemerklich ist, so deutet dieses sogleich darauf, daß irgend eine abweichende Epoche in der Nähe zu suchen sei.

Aus: ⟨Zinnformation⟩, 1813

dreieinige

Skizze Goethes aus dem Jahre 1820 von den Granitfelsen der Luisenburg im Fichtelgebirge, wo er schon 1785 Beobachtungen zur Lagerung des Granits angestellt hatte.

Goethes geologische Überzeugungen

Es ist höchst unterhaltend und unterrichtend wie die drei Wesen
Quarz Feldspat und Glimmer aus einander treten und jeder für
sich sein eigenes Reich gründet.

Wir sagen also es gibt ein allgemeines Gesetz nach welchem alle
materielle Massen sich gestalten, und dieses Gesetz offenbaren
uns die Gebirge, und wer es kennt dem sind sie offenbar.

Das Unorganische ist die geometrische Grundlage der Welt. Die
geometrischen meßbaren Formen sind ihr Anteil.
Keine Frage bei der eigentlich sogenannten Kristallisation.

In flachen Gruben oder Gefäßen erweichter Lehm spaltet sich
beim Eintrocknen in fünf- und vierseitige Tafeln.
Alle Gebirgsarten vom ältesten Granit bis zur letzten Flöz-
schicht spalten sich in gewisse Formen, die mehr oder wenig
rhombisch mit einander Ähnlichkeit haben.
Aus: ‹Bildung des Granits und Zinnvorkommen›, 1818

Auf meiner Reise nach Carlsbad nahm ich den Weg über Wun-
siedel nach Alexandersbad, wo ich die seltsamen Trümmer eines Granitgebirges nach vielen Jahren seit 1785 zum erstenmal
wieder beobachtete. Mein Abscheu vor gewaltsamen Erklärungen, die man auch hier mit reichlichen Erdbeben, Vulkanen,
Wasserfluthen und andern Titanischen Ereignissen geltend zu
machen suchte, ward auf der Stelle vermehrt, da mit einem ruhigen Blick sich gar wohl erkennen ließ, daß durch theilweise
Auflösung wie theilweise Beharrlichkeit des Urgesteins, durch
ein daraus erfolgendes Stehenbleiben, Sinken, Stürzen, und
zwar in ungeheuern Massen, diese staunenswürdige Erscheinung ganz naturgemäß sich ergeben habe. Auch dieser Gegenstand ward in meinen wissenschaftlichen Heften wörtlich und
bildlich entwickelt; ich zweifele jedoch daß eine so ruhige Ansicht dem turbulenten Zeitalter genügen werde.
Aus: Tag- und Jahres-Hefte, 1820

*Und selbst im Großen
ist es nicht Gewalt*

Granitblöcke der Luisenburg, Tafel aus dem 1. Band der Hefte Zur Naturwissenschaft überhaupt. *Trotz fehlerhafter Deutung der Spannungsrisse
im Granit als Kristallflächen kam Goethe zu einer richtigen Herleitung
der Verwitterungsformen.*

Goethes geologische
Überzeugungen

5.4 Das Werden der Erde

aus dem Harz Eine grose Last Steine bringe ich geschleppt*. Die kleinsten Abweichungen, und Schattirungen die eine Gesteinart der andern näher bringen und die das Kreuz der Systematiker und Sammler sind weil sie nicht wissen wohin sie sie legen sollen, habe ich sorgfältig aufgesucht und habe sie durch Glück gefunden. Es wird dir gewiss angenehm seyn sie zu sehen und ich habe alsdenn wenig darüber zu sagen.
An Herder, 6. 9. 1784

Steine sind stumme Lehrer, sie machen den Beobachter stumm, und das Beste was man von ihnen lernt ist nicht mitzuteilen.
Aus: Wilhelm Meisters Wanderjahre: Aus Makariens Archiv

Erde, wie wir sie jetzt vor uns gewahr werden.
von der Entstehung Auch hier ist eine genetische* Betrachtung wünschenswert.
ausgehende Alles was wir entstanden sehen, und eine Sukzession dabei gewahr werden davon verlangen wir dieses sukzessive Werden einzusehen.
So wie die wahre Geschichte überhaupt nicht das Geschehene aufzählt; sondern wie sich das Geschehene auseinander entwickelt und darstellt.
Aus: ⟨Bildung der Erde⟩

Herrn Kefersteins Unternehmen, sobald die wohlgelungene Arbeit mir zu Augen gekommen, erregte meinen ganzen Anteil und ich tat zu Färbung der geognostischen Karten Vorschläge; worauf sich diese gründen entwicklen wir folgendermaßen.
... Der Hauptformation, welche Granit, Gneis, Glimmerschiefer mit allen Abweichungen und Einlagerungen enthält, erteilte man die Karminfarbe, das reinste schönste *Rot*; dem unmittelbar anstoßenden Schiefer gab man das harmonierende reine *Grün*; darauf dem Alpenkalk das *Violette*, auch dem Roten verwandt, dem Grünen nicht widerstrebend.
Den roten Sandstein, eine höchst wichtige, meist nur in schmalen Streifen erscheinende Bildung bezeichnete man mit einem
Und selbst im Großen hervorstechenden *Gelbrot*; den Porphyr andeuten sollte die
ist es nicht Gewalt *bräunliche* Farbe, weil sie überall kenntlich ist und nichts verdirbt. Dem Quadersandstein eignete man das reine *Gelb* zu,

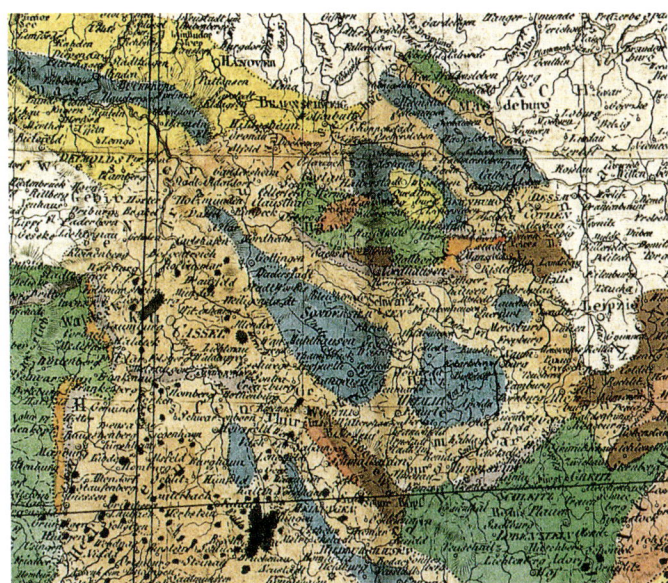

Harz und Thüringer Wald, Ausschnitt aus Christian Kefersteins erster geologischer Karte Deutschlands von 1821. Die von Goethe vorgeschlagenen Farben der Gesteinsformationen sind im wesentlichen noch heute gebräuchlich.

dem bunten Sandstein ein angerötetes, *Chamois*, dem Muschelkalk blieb das reine *Blau*, dem Jurakalk ein *Spangrün* und zuletzt ein kaum zu bemerkendes *Blaßblau* der Kreidebildung ...

Das auffallende Schwarz des Basaltes läßt sich, in Betracht der Bedeutsamkeit dieser Formation, gar wohl vergeben.

Wird nun der intendierte geognostische Atlas auf solche Weise durchgeführt, so wäre zu wünschen, daß die Freunde dieser Wissenschaft sich vereinigten und dieselben Farben zu Bezeichnung eben desselben Gesteins anwendeten, woraus eine schnellere Übersicht hervorträte und manche Bequemlichkeit entstünde.

Aus: Bildung des Erd-Körpers ⟨1821⟩

5.5 Vulkane und andere Katastrophen

Das stehende Stück alten Craters, dampfend, beynahe heiß. Fließende Lava, die sich einen langen Hügel hinunter macht auf dem sie in einem Canal wegfließt. Langsamkeit. wie sie tiefer kommt Wände. Sie macht sich ein Dach wo sie herausbricht, und arbeitet unter der Kruste. Macht sich Oeßen* in wunderlicher Kegelgestalt. Die Kruste sieht wie ein Fladen aus, mit gezackten Riefen. Sehr schön sieht es so frisch aus, weil bald alles mit Asche bedeckt ist und man nachher keine Idee davon hat. Der glühende Fluß Lava war oben ohngefähr 6 Palmen* breit und ging in ein schroffes Thal hinab. Aus den Oessen über der Mündung pfiff anhaltend Luft und schien wie ein Kochen. Wir waren auf dem AschenBerge und dem mittlern Schlunde, starcker Rauch quoll aus der Tiefe. Wir waren kaum hinab als er zu tönen und Asche und Steine zu werfen anfing. Die Steine fielen auf dem Kegel nieder und rollten herab. Die Asche regnete lange nachher erst auf uns.

An Charlotte von Stein: Eilige Anmerckungen über den Vesuv, d. 19. März 1787

KLASSISCHE WALPURGISNACHT

ANAXAGORAS
  Durch Feuerdunst ist dieser Fels zu Handen.
THALES
  Im Feuchten ist Lebendiges erstanden.
  ...
ANAXAGORAS
  Hast du, o Thales, je, in Einer Nacht,
  Solch einen Berg aus Schlamm hervorgebracht?
THALES
  Nie war Natur und ihr lebendiges Fließen
  Auf Tag und Nacht und Stunden angewiesen;
  Sie bildet regelnd jegliche Gestalt,
  Und selbst im Großen ist es nicht Gewalt.
Aus: Faust II, 2. Akt: V. 7855 ff.

Essen; Feuerherde

ca. 60 cm

Und selbst im Großen ist es nicht Gewalt

Die Verlegenheit kann vielleicht nicht größer gedacht werden, als die in der sich gegenwärtig ein funfzigjähriger Schüler und treuer Anhänger der sowohl gegründet scheinenden, als über die ganze Welt verbreiteten Wernerischen Lehre* finden muß, wenn er aus seiner ruhigen Überzeugung aufgeschreckt von allen Seiten das Gegenteil derselben zu vernehmen hat.

Neptunismus

… Traf er auf die Gewalt der Vulkane so erschienen ihm solche nur als noch immer fortdauernde aber oberflächliche Spätlingswirkung der Natur. Nun aber scheint alles ganz anders herzugehen, er vernimmt: Schweden und Norwegen möchten sich wohl gelegentlich aus dem Meere eine gute Strecke emporgehoben haben, die ungarischen Bergwerke sollten ihr Schätze von untenauf einströmenden Wirkungen verdanken und der Porphyr Tirols solle den Alpenkalk durchbrochen und den Dolomit mit sich in die Höhe genommen haben; Wirkungen freilich der tiefsten Vorzeit, die kein Auge jemals in Bewegung gesehen noch weniger irgend ein Ohr den Tumult den sie erregten vernommen hat.

Aus: Über den Bau und die Wirkungsart der Vulkane in verschiedenen Erdstrichen von Alexander von Humboldt ⟨1823⟩

Goethes geologische Überzeugungen

Nun aber lese ich in den neusten französischen Tagesblättern daß dieses Heben und Schieben nicht auf einmal, sondern in vier Epochen geschehen. Voraus wird gesetzt, daß unter dem alten Meere alles ruhig und ordentlich zugegangen, daß aber zuerst der Jurakalk und die ältesten Versteinerungen in die Höhe gehoben worden, nach einiger Zeit denn das sächsisch-böhmische Erzgebirg die Pyrenäen und Apenninen sich erhoben haben, sodann aber zum dritten und letzten Mal die höchsten Berge Savoyens und also der Montblanc hervorgetreten seien. Dieses von Herrn Elie de Beaumont vorgetragene System wird am 28. Oktober 1829 der französischen Akademie von der Untersuchungs-Kommission zu beifälliger Aufnahme und Förderung bestens empfohlen. Ich aber leugne nicht daß es mir gerade vorkommt als wenn irgend ein christlicher Bischof einige Wedams* für kanonische Bücher erklären wollte.

Da ich hier nur Konfessionen niederschreibe so ist nur von mir und meiner Denkweise die Rede; es ist nicht das erstemal in meinem Leben daß ich das was andern denkbar ist unmöglich in meine Denk- und Fassungskraft aufzunehmen vermag.

Aus: Über die Gestalt und die Urgeschichte der Erde von K. F. von Klöden. 1829

MÄCHTIGES ÜBERRASCHEN

Ein Strom entrauscht umwölktem Felsensaale
 Dem Ozean sich eilig zu verbinden;
 Was auch sich spiegeln mag von Grund zu Gründen,
 Er wandelt unaufhaltsam fort zu Tale.

Dämonisch aber stürzt mit einem Male –
 Ihr folgen Berg und Wald in Wirbelwinden –
 Sich Oreas*, Behagen dort zu finden,
 Und hemmt den Lauf, begrenzt die weite Schale.

Die Welle sprüht, und staunt zurück und weicht,
 Und schwillt bergan, sich immer selbst zu trinken;
 Gehemmt ist nun zum Vater hin das Streben.

Sie schwankt und ruht, zum See zurückgedeichet;
 Gestirne, spiegelnd sich, beschaun das Blinken
 Des Wellenschlags am Fels, ein neues Leben.

Der große Bergsturz bei Goldau in der Innerschweiz vom 2. September 1806 veranlaßte Goethe zu mehreren imaginativen Zeichnungen wie dieses im Salon von Johanna Schopenhauer entstandene Blatt vom Lauwerzer See. Das Sonett »Mächtiges Überraschen« ist ebenfalls als ein Bewältigungsversuch der Naturkatastrophe zu deuten.

*Goethes geologische
Überzeugungen*

5.6 Wenn Stein gerinnt

Das Gerinnen

kann im geologischen Falle künftig ebensoviel heißen als im animalischen. Wir sehen einen Liquor* der uns völlig homogen zu sein scheint; die Milch. Ein geringer Umstand macht sie entschieden gerinnen und offenbart in ihr zwar verwandte, aber verschiedene, sich von einander ablösende, aber doch innerhalb einander vorhandene Teile.

Den Begriff des uranfänglichen Gerinnens faßt man am leichtesten, wenn man sich an Exemplare von Marmoren hält. Doch gehört Glück dazu dieselben zu versammeln, und solche aus unzähligen Musterstücken auszulesen. Hier findet man ein Gerinnen daß schwarzer und weißer Marmor im Entstehen sich sonderte und innerhalb eines durch weiße Seen und Ströme gebildeten Zusammenhangs schwarze Inseln schwimmen. Derselbe Fall in grauem und weißem. Einzelne sehr instruktive Exemplare müssen mit Augen geschaut werden.

Wir sagen Trümmer-Porphyr, Trümmer-Achat . . . und drücken dadurch auf eine mechanische Weise aus was wir vor Augen sehen. Ein Gestein das ein Ganzes war scheint zertrümmert und ist doch wieder ein Ganzes. *Wir* nennen dieses künftig gestörte Formation, ein Gestein wollte sich bilden, es ward gestört und bildete sich doch. Wir müssen von allem mechanischen Zerstören durchaus absehen, durch irgend einen physischen Reiz ward ein Werdendes geschröckt, im Innersten erschüttert aber nicht zerbrochen, um weniges verschoben, aber nicht gewaltsam verrückt. Es lassen sich diese Erscheinungen bis aufs Zarteste nachweisen.

Aus: Zum geologischen Aufsatz September 1817

Ich besitze eine Tafel Altdorfer Marmor, drei Fuß lang zwei breit, deren ausgeschweifte Form darauf hindeutet, daß sie früher Fürstliche Gemächer verziert hat und sie verdiente diese

Ehre wohl: denn auf einem grauen Grunde liegt Ammonshorn* an Ammonshorn; die Schale des Ganzen ist noch deutlich sichtbar, der vordere Teil von der Grundmasse ausgefüllt, der hintere reiner weißer Kalkspat. Jedem Naturfreund ist dieser Marmor von Altdorf bekannt, mir aber wurde an diesem Stücke zuerst folgendes bedeutend. Es gehen zarte Klüfte quer durch das Ganze durch, die, wenn sie auf ein Schneckengehäus treffen solches um einige Linien verschieben ...

... hier liegt es dem Anblick deutlich vor, daß das Ganze noch weich noch determinabel in einem gewissen Grade von Erharschung muß gewesen sein, als die schmalen mit einer gilblichen Masse ausgefüllten Klüfte in grader Richtung obgleich wellenförmig durch das Ganze hindurch liefen und alles was sie durchschnitten von der Stelle schoben. Außer dieser Haupttafel ⟨besitze ich noch⟩ fünf kleinere ...

Aus: Gebirgs-Gestaltung im Ganzen und Einzelnen ⟨1819⟩

Fünf Platten Muschelmarmor aus Altdorf bei Nürnberg, die Goethe 1819 als Geschenk erhielt und einrahmen ließ. Er sah darin ein Beispiel für die langsame Verfestigung von Gesteinen.

5.7 Eiszeitträume

Die, besonders an der savoyischen Seite, an dem Genfer See sich befindenden Blöcke, die nicht abgerundet, sondern scharfkantig sind, wie sie vom höchsten Gebirg losgerissen worden, erklärt man: daß sie bei dem tumultuarischen Aufstand der weit rückwärts im Land gelegenen Gebirge seien dahin geschleudert worden.

Wir sagen: es habe eine Zeit gegeben wo die Gletscher weit tiefer herabgingen, ja bis an den Genfer See reichten; da denn die von dem Gebirg sich ablösenden Felsblöcke ganz bequem bis an den See herunter rutschen konnten. Dergleichen Prozessionen von Felsstücken ziehen noch bis auf den heutigen Tag von den Gletschern herunter; sie haben einen besondern Namen*. (Dieses alles, so wie die Lage der Täler in welchen die alten Gletscher bis an den See herunterführten ist auszuführen.)

»Gufferlinien«

Aus: Geologische Probleme und Versuch ihrer Auflösung, Februar 1831

Und selbst im Großen
ist es nicht Gewalt

Niedersteigen der Schneelinie, des dauernden Eises, bis auf das Niveau des Genfer Sees welcher alsdann auch einen großen Teil des Jahrs möchte zugefroren sein. Ich lasse die Gletscher durch die dahin sich ausmündenden Täler sich fort und fort heruntersenken bis an den Rand des Sees, auf diesen rutschen und schieben sich die oberwärts abgelösten Granitblöcke als einer glatten gesenkten Fläche und werden mit vorgeschoben wie heut zu Tag noch geschieht; an der Fläche des Sees bleiben sie liegen, das Eis schmilzt und wir finden sie noch heutiges Tags, freilich unabgerundet weil sie ganz gelinde und keineswegs gewaltsam bis hierher gebracht worden. Taut im hohen Sommer der See auf so trägt er wohl auch solche Massen auf sich herum nach den Seiten an das gegenseitige Ufer und legt sie nieder wo wir sie noch finden.

Da meine Herren wo Sie nur Tumult anrichten und uns Nachricht von dem entsetzlichsten Getöse geben möchten geht es bei uns andern ganz stumm und friedlich zu.

Lustig ist es wenigstens und paradox genug lassen Sie weiter hören.

Goethes geologische Überzeugungen

Wenn am Luzerner See das Ähnliche geschehen so ist es nicht
schwer eben dergleichen Trümmer auf den Weg nach Küßnacht
zu bringen.
Glauben Sie denn uns von solchen Wunderlichkeiten überzeu-
gen zu können?
Keineswegs; ich bin nur bemüht, mich selbst zu überzeugen.
Lassen Sie uns weiter hören wie das anfangen.
Das will ich gern, denn jeder spricht auch seine Lieblingsgedan-
ken mit Vergnügen aus. Ich verlange nun daß zu gleicher Zeit
die übrige Meeresfläche eben mit den Schweizerseen in gleicher
Höhe gewesen.
Hohes Meer und große Kälte uns wird dabei ganz polarisch zu
Mute.
Keineswegs; ich habe eine grönländische Natur und meine Hy-
pothesen sind mir wie die Kleider dieser Völker knapp auf den
Leib genäht.
Ich sehe nun wohl das ist schon da gewesen, Sie bringen uns die
Granitblöcke auf dem Eise von Norden her.
Keineswegs; das nördliche Deutschland hatte seine Granitfelsen, aber verwitterliche, sie sind zusammen gesunken und lie-
bei Rostock gen im durchgespülten Sande; der Heilige Damm* stammt so
gut aufwärts als die norwegischen Schären und es mag denn
auch sein daß von ihm das Eis manches abgelöst und weiter
nach Süden geführt hat. Mir mache man aber nicht weis daß
die in den Oderbrüchen liegenden Gesteine, daß der Markgra-
an der Spree fenstein bei Fürstenwalde* weit hergekommen sei; an Ort und
Stelle sind sie liegen geblieben, als Reste großer in sich selbst
zerfallener Felsmassen.
Aber abgerundet sind sie ja doch?
Die Verwitterung rundet auch ab, das Äußere löst sie auf, den
Kern muß sie unangetastet lassen. Doch will ich auch den Suk-
kurs von Norden her nicht verschmähen; ziehen doch wohl
noch immer einmal große Eismassen durch den Sund, beladen
mit Granitstücken die sie unterwegs abgestreift und sich aufge-
Göteborg laden. Das sollten uns die Zolleinnehmer von Gotenburg* be-
teuern und bestätigen, damit wir zu naturgemäßeren Begriffen
uns willig entschließen möchten.

Und selbst im Großen *Aus: ‹Gespräch über die Bewegung von Granitblöcken durch Gletscher›*
ist es nicht Gewalt

HOCHGEBIRG

FAUST
Gebirgesmasse bleibt mir edel-stumm,
Ich frage nicht woher und nicht warum?
Als die Natur sich in sich selbst gegründet,
Da hat sie rein den Erdball abgeründet.
Der Gipfel sich, der Schluchten sich erfreut,
Und Fels an Fels und Berg an Berg gereiht;
Die Hügel dann bequem hinabgebildet,
Mit sanftem Zug sie in das Tal gemildet.
Da grünts und wächst's, und um sich zu erfreuen
Bedarf sie nicht der tollen Strudeleien.
MEPHISTOPHELES
Das sprecht ihr so! Das scheint euch sonnenklar.
Doch weiß es anders der zugegen war.
Ich war dabei, als noch da drunten, siedend,
Der Abgrund schwoll und strömend Flammen trug,
Als Molochs* Hammer, Fels an Felsen schmiedend,   semit. Gottheit
Gebirges-Trümmer in die Ferne schlug.
Noch starrt das Land von fremden Zentnermassen;
Wer gibt Erklärung solcher Schleudermacht?
Der Philosoph er weiß es nicht zu fassen,
Da liegt der Fels, man muß ihn liegen lassen,
Zu Schanden haben wir uns schon gedacht. –
Das treu-gemeine Volk allein begreift
Und läßt sich im Begriff nicht stören;
Ihm ist die Weisheit längst gereift:
Ein Wunder ist's, der Satan kommt zu Ehren.
Mein Wandrer hinkt, an seiner Glaubenskrücke,
Zum Teufelsstein, zur Teufelsbrücke*.   am Gotthardpaß
FAUST
Es ist doch auch bemerkenswert zu achten,
Zu sehn wie Teufel die Natur betrachten.
Aus: Faust II, 4. Akt: V. 10095 ff.

*Goethes geologische
Überzeugungen*

Violett: »Das Blaue steigert sich sehr sanft ins Rote und erhält dadurch etwas Wirksames, ob es sich gleich auf der passiven Seite befindet. Sein Reiz ist aber von ganz andrer Art als der des Rotgelben. Er belebt nicht sowohl, als daß er unruhig macht ... Jene Unruhe nimmt bei der weiter schreitenden Steigerung zu ...« (*Farbenlehre*, § 787 ff.)

6. »Bis an die Sterne weit«[*]

Der Mensch im Kosmos –
Meteorologie und Astronomie

Schichtwolkendecke mit aufgesetzten Kumuluswolken,
Federzeichnung Goethes

[*] Faust I, V. 574

Schon in seiner Jugendzeit war Goethe von atmosphärischen Erscheinungen beeindruckt und als ein extrem wetterfühliger Mensch oft auch unangenehm beeinflußt. Ursachen und Verlauf des Wettergeschehens waren im 18. Jahrhundert noch weitgehend unbekannt. Hoch- und Tiefdruck zeigten sich zwar mit eher gutem bzw. schlechtem Wetter gekoppelt, doch fehlte es an Beobachtungs- und Voraussagemöglichkeiten des über große Distanzen wirkenden atmosphärischen Systems. Goethe schaffte sich 1784 ein Barometer an. Auf der Reise nach Italien hat er auch die Witterungsbedingungen beobachtet und erste meteorologische Hypothesen gewagt. Systematische Aufzeichnungen zum Wettergeschehen konnten im Herzogtum Weimar aber erst nach der Eröffnung der Jenaer Sternwarte im Jahre 1813 erfolgen.

Das Jahr 1815 brachte einen entscheidenden Anstoß für Goethes meteorologische Interessen: Carl August, nunmehr Großherzog, ließ eine Wetterstation auf dem Ettersberg errichten. Durch seine Vermittlung lernte Goethe die Wolkenlehre des englischen Pharmazeuten Luke Howard kennen, die ihn sofort anzog, weil sie seinem morphologischen Sinn entgegenkam und ihn auch am Himmel gesetzlich Gestaltetes erkennen ließ. Goethe übernahm Howards Bezeichnungen – Stratus, Kumulus, Nimbus, Zirrus –, die bis heute verwendet werden. Von dieser Zeit an hat Goethe immer wieder Wolkenformationen und besonders ihre Übergänge ineinander beobachtet und aufgezeichnet. Die Systematik der Wolkenformen läßt sich sogar in der Schlußszene des zweiten Teils von *Faust* wiederfinden.

Goethes *Versuch eines Witterungslehre* von 1825, der erst im Nachlaß veröffentlicht wurde, zieht eine Summe seiner meteorologischen Ideen. Er führt dort das Steigen und Fallen des Luftdrucks auf ein Pulsieren der irdischen Schwerkraft zurück. Andere Zeitgenossen hatten dagegen Einflüsse des Mondes oder der Planeten auf das Wetter annehmen wollen. Goethes Argument der Parallelität der Luftdruckschwankungen auf der ganzen Welt ist aus den ihm vorliegenden Meßresultaten erklärbar, ließ sich jedoch nach der Ausweitung des Beobachtungsnetzes nicht bestätigen. Goethes Theorie ist daher als ein Zeugnis seines Denkens in Polaritäten und organischen Modellen anzusehen: Die Erde erscheint bei ihm als ein Organismus, der in stetigem Ein- und Ausatmen begriffen ist.

Weit weniger als mit den Erscheinungen der Lufthülle beschäftigte sich Goethe mit demjenigen, was jenseits der irdischen Atmosphäre war. Seine universale Neugier führte ihn zwar auch zum Blick durchs Fernrohr, und er verbrachte manche nächtliche Stunde damit, den Mond oder auftauchende Kometen genau zu beobachten. Auch hier war sein organismisches Denken wirksam: Er betrachtete die Planeten als Ausgeburten der Sonne, die Kometen als individualisiert erscheinende Besucher aus dem All.

Herzog Carl August, ein großer Freund der Astronomie, hatte bereits 1791-98 im Weimarer Park an der Ilm ein Meridianhaus für astronomische Beobachtungen eingerichtet. Im Jahre 1800 kaufte Goethe für die Herzogliche Bibliothek ein über 2 Meter langes Newtonsches Spiegelteleskop in der von Wilhelm Herschel erfundenen Aufstellung, das eine bis 200fache Vergrößerung erlaubte.

Neue astronomische Entdeckungen wie der Asteroidengürtel zwischen Mars und Jupiter und vor allem der große Komet von 1811 ließen den Plan zur Errichtung einer Sternwarte an der Universität Jena entstehen. Goethe war als oberster Leiter der wissenschaftlichen Einrichtungen jedoch nur selten Gast an der 1813 in Betrieb genommenen Station, die man in Schillers ehemaligem Garten erbaut hatte. Die Astronomie als Wissenschaft war ihm letztlich doch zu sehr von mathematischen Voraussetzungen geprägt, über die er nicht verfügte. Zudem bekundete er ein Unbehagen gegenüber den ihm im Weltall entgegentretenden ungeheuren Dimensionen, die jedes menschliche Vorstellungsvermögen überschreiten. – In seinem letzten Roman, *Wilhelm Meisters Wanderjahre*, kommen solche Fragen auch zur literarischen Darstellung.

Sowohl in der Meteorologie wie in der Astronomie wurden in neuerer Zeit die Beobachtungsmöglichkeiten um ein Vielfaches erweitert und dabei die Goethe so wichtige sinnliche Anschauung immer mehr zurückgedrängt. Sie wurde weitgehend abgelöst durch Computer-unterstützte Filterung und Aufbereitung immenser Datenmengen, wie sie heute mit Hilfe von Wettersatelliten und Riesenteleskopen gewonnen werden. Die Interpretation der Daten bleibt allerdings weiterhin dem forschenden Menschen überlassen.

6.1 Der Mann, der Wolken unterschied

... weder dem Auge des Dichters noch des Malers können atmosphärische Erscheinungen jemals fremd werden und auf Reisen und Wanderungen sind sie eine bedeutende Beschäftigung, weil von trocknem und klaren Wetter auf dem Lande, so wie zur See von einem günstigen Winde, das ganze Schicksal einer Ernst- oder Lustfahrt oft allein abhängt.

In meinen Tagebüchern bemerkte ich daher manchmal eine Folge von atmosphärischen Erscheinungen, dann auch wieder einzelne bedeutende Fälle; das Erfahrne jedoch zusammenzustellen fehlten mir Umsicht und wissenschaftliche Verknüpfungszweige. Erst als ... der Großherzog einen eigenen Apparat zur Meteorologie auf dem Rücken des Ettersberges errichten ließen, machten Höchstdieselben mich aufmerksam auf die von Howard bezeichneten und unter gewisse Rubriken eingeteilten Wolkengestaltungen. Ich verfehlte nicht aus der Erinnerung was mir früher bekannt geworden hervorzurufen und erneuerte meine Aufmerksamkeit auf alles was in der Atmosphäre den Augen bemerkbar sein konnte. Ich ergriff die Howardische Terminologie mit Freuden, weil sie mir einen Faden darreichte den ich bisher vermißt hatte. Den ganzen Komplex der Witterungskunde, wie er tabellarisch durch Zahlen und Zeichen aufgestellt wird, zu erfassen oder daran auf irgend eine Weise Teil zu nehmen war meiner Natur unmöglich; ich freute mich daher einen integrierenden Teil derselben meiner Neigung und Lebensweise angemessen zu finden, und weil in diesem unendlichen All alles in ewiger, sicherer Beziehung steht, eins das andere hervorbringt oder wechselsweise hervorgebracht wird, so schärfte ich meinen Blick auf das dem Sinne der Augen Erfaßliche und gewöhnte mich die Bezüge der atmosphärischen und irdischen Erscheinungen mit Barometer und Thermometer in Einklang zu setzen, ohne dergleichen Instrumente jederzeit bei der Hand zu haben.

Die vier Hauptbestimmungen, Zirrus, Kumulus, Stratus und Nimbus habe unverändert beibehalten, überzeugt daß im Wissenschaftlichen überhaupt eine entschiedene lakonische Terminologie, wodurch die Gegenstände gestempelt werden, zum größten Vorteil gereiche. Denn wie ein Eigenname den Mann von einem jeden andern trennt, so trennen solche Termini technici* das Bezeichnete ab von allem Übrigen. Sind sie einmal gut gefunden, so soll man sie in alle Sprachen aufnehmen, man soll sie nicht übersetzen, weil man dadurch die erste Absicht des Erfinders und Begründers zerstört, der die Absicht hatte etwas fertig zu machen und abzuschließen. Wenn ich Stratus höre, so weiß ich daß wir in der wissenschaftlichen Wolkengestaltung versieren* und man unterhält sich darüber nur mit Wissenden. Eben so erleichtert eine solche beibehaltene Terminologie den Verkehr mit fremden Nationen. Auch bedenke man daß durch diesen patriotischen Purismus der Stil um nichts besser werde: denn da man ohnehin weiß daß in solchen Aufsätzen diesmal nur von Wolken die Rede sei, so klingt es nicht gut Haufenwolke etc. zu sagen und das Allgemeine beim Besondern immer zu wiederholen. In andern wissenschaftlichen Beschreibungen ist dies ausdrücklich verboten.

Fachbegriffe

verkehren

Aus: Wolkengestalt nach Howard ⟨1820⟩

Goethes Entwurf zur Charakterisierung der Wolkenformen nach Howard mit den nicht zuletzt durch seinen Einsatz bis heute gebräuchlichen lateinischen Benennungen.

Der Mensch im Kosmos –
Meteorologie
und Astronomie

Die Darstellung der Wolkenformen zugleich mit den Berghö hen der alten und neuen Welt soll eigentlich nur im allgemeinsten den Begriff geben, daß die untersten Wolken sich mit der Erde horizontal legen, die höheren sich selbständig ballen, die höchsten nicht mehr von der Luft getragen sondern aufgelöst werden. Die Disposition der Atmosphäre, die dies bewirkt kann auf- und absteigen so daß auch zunächst an der Erde Dunst und Nebel aufgelöst und in den Luftraum verteilt werden.

Aus: ⟨Disposition der Atmosphäre⟩

Auf einer Reise nach Carlsbad beobachtete ich die Wolkenformen ununterbrochen und redigirte die Bemerkungen daselbst. Ich setzte ein solches Wolkendiarium bis Ende July und weiter fort, wodurch ich die Entwickelung der sichtbaren atmosphärischen Zustände auseinander immer mehr kennen lernte ...

Aus: Tag- und Jahres-Hefte, 1820

Sonnabend den 29sten April, bis Karlsbad.

südwestlich von Karlsbad

War der ganze Himmel überzogen; es mußte im Ellbogner* Kreise gestern und die Nacht viel geregnet haben, wie man am Weg und Äckern sah, die Sonne zeigte sich im Mittag, der Wind war Nordwest und sodann ereignete sich das aufsteigende Spiel, Stratus verwandelte sich in Kumulus, Kumulus in Zirrus, wie wir in vorigen Tagen das niedersteigende beobachtet hatten. Der Himmel war mit Wolken aller Art bedeckt, jedoch der Abend freundlich.

Aus: Wolkengestalt nach Howard

ATMOSPHÄRE

»Die Welt sie ist so groß und breit,
Der Himmel auch so hehr und weit,
Ich muß das alles mit Augen fassen,
Will sich aber nicht recht denken lassen.«

Dich im Unendlichen zu finden,
Mußt unterscheiden und dann verbinden;

Bis an die Sterne weit

Drum danket mein beflügelt Lied
Dem Manne der Wolken unterschied.

142

Modell der Wolkenformen nach Howard, Tafel aus dem 1. Band der Hefte
Zur Naturwissenschaft überhaupt (1820).

Der Mensch im Kosmos –
Meteorologie
und Astronomie

6.2 Das Atmen der Erde

Bei allen meteorologischen Beobachtungen wird der Barometerstand als Hauptphänomen, als Grund aller Wetterbetrachtungen angesehen. Auch ich bin der Überzeugung daß man darin ganz richtig verfahre.
Das Quecksilber in der luftleeren, heberförmigen Glasröhre auf einer gewissen Höhe gehalten überzeugt uns längst von einem entschiedenen Druck, von einer Schwere, Elastizität, oder wie man es nennen will, der durchsichtigen, durchscheinenden Materie, welche den uns umgebenden Raum erfüllt.
An dem Meeresufer steht das Quecksilber am höchsten; wie wir uns aber berganwärts bewegen wird es nach und nach fallen; in jeder Region aber, wo wir eine Zeitlang verweilen, ist ein temporäres Steigen und Fallen bemerklich . . .

Nun hat sich aber erst neuerlich, bei genauer Betrachtung der auf der Jenaischen Sternwarte gefertigten vergleichenden Darstellungen, bemerken lassen daß gedachtes Steigen und Fallen an verschiedenen, näher und ferner, nicht weniger in unterschiedenen Längen, Breiten und Höhen gelegenen Beobachtungsorten *einen fast parallelen Gang habe.*

Wenn nun die Barometerstände der verschiedensten Orte das Ähnliche, wo nicht das Gleiche besagen, so scheinen wir dadurch berechtigt allen außerirdischen Einfluß auf die Quecksilber-Bewegung abzulehnen, und wir wagen auszusprechen: daß hier keine kosmische, keine atmosphärische sondern eine tellurische* Ursache obwalte.

Denn es ist anerkannt und bestätigt daß alle Schwere von der Anziehungskraft der Erde abhängig sei; übt nun die Luft, insofern sie körperlich ist, eine Schwerkraft, einen vertikalen Druck aus, so geschieht es vermöge dieser allgemeinen Attraktion; vermindert und vermehrt sich daher der Druck, diese Schwere, so folgt daraus, daß die allgemeine Anziehungskraft sich vermehre, sich vermindere.

Nehmen wir also mit den Physikern an, daß die Anziehungskraft der ganzen Erdmasse, von der uns unerforschten Tiefe bis zu dem Meeresufer, und von dieser Grenze der uns bekannten Erdoberfläche bis zu den höchsten Berggipfeln und darüber

auf die Erde bezügliche

Bis an die Sterne weit

hinaus erfahrungsgemäß nach und nach abnehme, wobei aber ein gewisses Auf- und Absteigen, Aus- und Einatmen sich ergebe, welches denn zuletzt vielleicht nur durch ein geringes Pulsieren ihre Lebendigkeit andeuten werde.

Aus: Versuch einer Witterungslehre ⟨1825⟩

Ich denke mir die Erde mit ihrem Dunstkreise gleichnisweise als ein großes lebendiges Wesen, das im ewigen Ein- und Ausatmen begriffen ist. Atmet die Erde ein, so zieht sie den Dunstkreis an sich, so daß er in die Nähe ihrer Oberfläche herankommt und sich verdichtet bis zu Wolken und Regen. Diesen Zustand nenne ich die Wasserbejahung; dauert er über alle Ordnung fort, so würde er die Erde ersäufen. Dies aber gibt sie nicht zu; sie atmet wieder aus und entläßt die Wasserdünste nach oben, wo sie sich in den ganzen Raum der hohen Atmosphäre ausbreiten und sich dergestalt verdünnen, daß nicht allein die Sonne glänzend herdurchgeht, sondern auch sogar die ewige Finsternis des unendlichen Raumes als frisches Blau herdurch gesehen wird. Diesen Zustand der Atmosphäre nenne ich die Wasserverneinung.

Aus: Eckermann: Gespräche mit Goethe, 11. 4. 1827

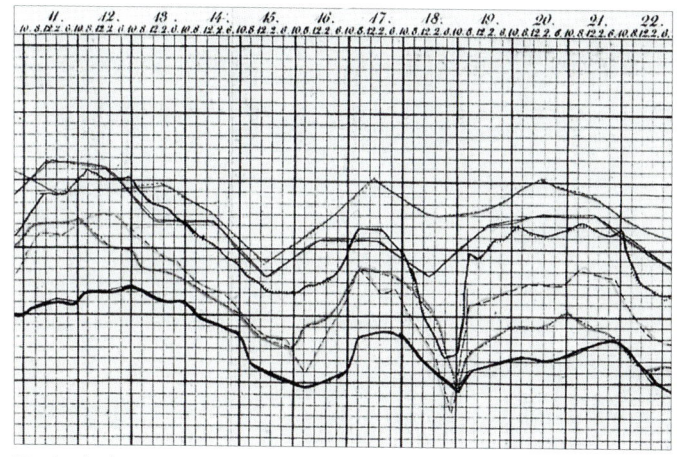

Vergleich der Barometerstände der Städte Karlsruhe, Halle, Jena, Wien, London und Boston im Dezember 1822, aufgezeichnet von Ludwig Schrön, dem Leiter der Jenaer Sternwarte. Aus einer Tafel zum 2. Band von Goethes Heften Zur Naturwissenschaft überhaupt.

Der Mensch im Kosmos – Meteorologie und Astronomie

6.3 Sonne, Monde und Planeten

im Ilmpark Im August und September bezog ich meinen Garten am Stern*, um einen ganzen Mondswechsel durch ein gutes Spiegel-Telescop zu beobachten, und so ward ich denn mit diesem, so lange geliebten und bewunderten Nachbar endlich näher bekannt. Bey allem diesem lag ein großes Naturgedicht das mir vor der Seele schwebte durchaus im Hintergrund.

Aus: Tag- und Jahres-Hefte, 1799

Auch war Hofmechanikus Diese Woche bin ich wider meine Gewohnheit meist bis Mitternacht aufgeblieben, um den Mond zu erwarten den ich durch das Auchische* Teleskop mit vielem Interesse betrachte. Es ist eine sehr angenehme Empfindung einen so bedeutenden Gegenstand, von dem man vor kurzer Zeit so gut als gar nichts gewußt, um so viel näher und genauer kennen zu lernen. Das schöne Schrötersche Werk, die Selenotopographie, ist freilich eine Anleitung durch welche der Weg sehr verkürzt wird.

An Schiller, 21. 8. 1799

6 Fuß langes Teleskop nach Herschel Die Naturforschung verfolgte still ihren Gang. Ein sechsfüßiger Herschel* war für unsere wissenschaftlichen Anstalten angeschafft. Ich beobachtete nun einzeln mehrere Mondwechsel und machte mich mit den bedeutendsten Lichtgränzen bekannt, wodurch ich denn einen guten Begriff von dem Relief der Mondoberfläche erhielt.

Aus: Tag- und Jahres-Hefte, 1800

Goethe »Es ist alles so ungeheuer«, sagte er* zu mir, »daß an kein Aufhören von irgend einer Seite zu denken ist. Oder meinen Sie nur, daß selbst die Sonne, die doch alles erschafft, schon mit der Schöpfung ihres eignen Planetensystems völlig zu Rande wäre, und daß sonach die Erden und Monde bildende Kraft in ihr entweder ausgegangen sei, oder doch untätig und völlig nutzlos daliege? Ich glaube dies keineswegs. Mir ist es sogar höchst wahrscheinlich, daß hinter Merkur, der an sich schon klein genug ausgefallen ist, einst noch ein kleinerer Stern als dieser zum Vorschein kommen wird. Man sieht freilich schon *Bis an die Sterne weit* aus der Stellung der Planeten, daß die Projektionskraft der Sonne merklich abnimmt, weil die größten Massen im Systeme

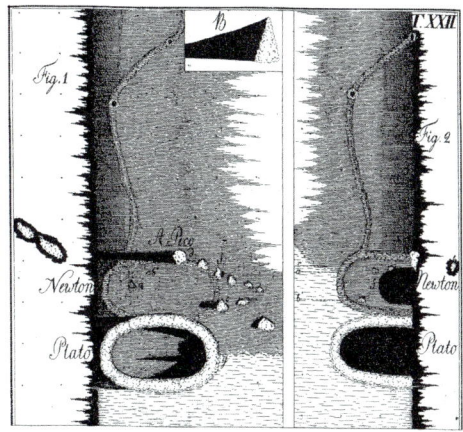

Die Mondkrater Plato und Newton unter zwei verschiedenen Beleuchtungen, aus den 1791 erschienenen Selenotopographischen Fragmenten von Johann Hieronymus Schröter.

auch die größte Entfernung einnehmen. Eben auf diesem Wege aber kann es, fortgeschlossen, dahin kommen, daß wegen Schwächung der Projektionskraft irgend ein versuchter Planetenwurf irgend ein Mal verunglücke. Kann die Sonne sodann den jungen Planeten nicht wie die vorigen gehörig von sich absondern und ausstoßen, so wird sich vielleicht, wie beim Saturn, ein Ring um sie legen, der uns armen Erdenbewohnern, weil er aus irdischen Bestandteilen zusammengesetzt ist, ein böses Spiel machen dürfte. Und nicht nur für uns, sondern auch für alle übrigen Planeten unseres Systems würde die Schattennähe eines solchen Ringes wenig Erfreuliches bewirken. Die milden Einflüsse von Licht und Wärme müßten natürlich dadurch verringert werden, und alle Organisationen, deren Entwickelung ihr Werk ist, die einen mehr, die andern weniger sich dadurch gehemmt fühlen.

Nach dieser Betrachtung könnten die Sonnenflecke allerdings einige Unruhe für die Zukunft erwecken. So viel ist gewiß, daß wenigstens in dem ganzen uns bekannt gewordenen Bildungshergang und Gesetz unsers Planeten nichts enthalten ist, was der Formation eines Sonnenringes entgegenstände, wiewohl sich freilich für eine solche Entwickelung keine Zeit angeben läßt.«

Gespräch mit Falk, 1809 (1832)

Der Mensch im Kosmos – Meteorologie und Astronomie

6.4 Ein Besucher aus dem All

Goethe besaß eine eigene *Laune*, nicht in dem Sinne des üblen Humors, noch des überlustigen, sondern die an Schelmerei grenzende, womit er kleine unschuldige Neckereien an denen ausübte, die ihm durch ihre Unarten beschwerlich wurden, wenn er sie auf keine andre Weise mit nachhaltigem Erfolg davon abbringen konnte ...

von Arnim

Bettine* mußte dieses erfahren, als sie im Herbst des Jahres 1811 [am 7. September] bei ihren abendlichen Besuchen ihm

was weiß ich?

gern von ihrer Liebe oder was sonst – che so io!* – vorgeschwatzt hätte. Er kam ihr beständig dadurch in die Quere, daß er sie auf den Kometen, der damals wunderschön am Abendhimmel stehend in seiner völligen Größe und Pracht zu sehen war, aufmerksam machte und dazu ein Fernrohr nach dem andern herbeiholte, und sich des Breitern über dieses Meteor erging. Da war nicht anzukommen!
Nach Riemer: Mitteilungen über Goethe, 1841

B. A. Lindenau, Leiter der Gothaer Sternwarte

Ew. Hochwohlgebornen* hätten mich auf keine angenehmere Weise an die interessanten Gespräche erinnern können, welche ich bei Ihrem Hiersein mit Ihnen zu führen das Glück hatte, als durch das übersendete reichhaltige Heft, welches ich gelesen und wieder gelesen habe. Besonders muß man die ersten Blätter sehr anziehend finden, in welchen Sie die höchsten Gegenstände, die der Sinn zu fassen, die Einbildungskraft zu ergreifen und der Verstand zu durchdringen strebt, mit Einsicht und Klarheit, mit Ordnung und Kraft so darstellen, daß zugleich der Geist unterrichtet und aufgeklärt, und das Herz bewegt und erhoben wird. Fürwahr Sie haben damit auf eine sehr würdige Weise das bedeutende Gestirn das jetzt alle unsere Aufmerksamkeit fordert, auf seiner Bahn begrüßt.

Was die wissenschaftliche Sprache betrifft, so gestehe ich gern, daß ich Niemanden, am wenigsten dem Mathematiker verarge, wenn er sich wie seine Vorfahren und Kunstgenossen ausdrückt. Derjenige dessen Lebensgeschäft es ist den geheimnisvollsten Kräften nachzuspüren, ihre Wirkungen im Besondern und Einzelnen auf das genauste zu beobachten, zu messen, zu berechnen und auf eine wunderwürdige Weise vorherzusagen,

Bis an die Sterne weit

muß ja wohl das Recht haben, diesen Kräften solche Namen

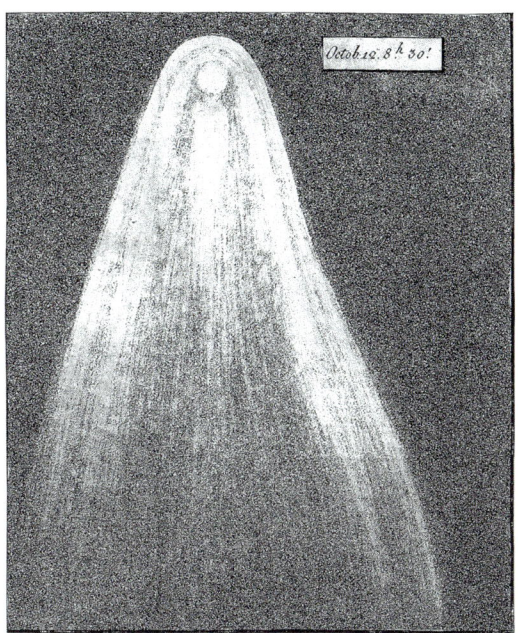

Der Komet von 1811 in seiner größten Ausdehnung, beobachtet am 12. Oktober; aus Franz Xaver von Zachs Monatlicher Correspondenz zur Beförderung der Erd- und Himmelskunde von 1813, der ersten astronomischen Zeitschrift in deutscher Sprache.

zu geben, die ihm am schicklichsten däuchten, und sich dieselben vorzustellen, wie es seiner Denkart am gemäßesten ist; ja vielleicht hat man im Gegenteil uns andere nicht ganz mit Unrecht im Verdacht, daß wir nur einiger Bequemlichkeit willen, gewisse Formeln lieben, die uns, weil wir einmal damit zu operieren gewohnt sind, bei unsern allgemeinern Forschungen zum Leitfaden dienen können.

Dem sei jedoch wie ihm wolle, so bleibt die Ehrfurcht unverrückt, welche jeder für die großen und folgereichen Arbeiten, die von diesem kleinen Erdenrunde dem Weltall gleichsam gebieten, empfinden muß.

An B. A. von Lindenau, 20. 10. 1811

Der Mensch im Kosmos –
Meteorologie
und Astronomie

6.5 Gesellige Einsiedler

Goethe »Die Astronomie«, sagte er*, »ist mir deswegen so wert, weil sie die einzige aller Wissenschaften ist, die auf allgemein anerkannten, unbestrittnen Basen ruht, mithin mit voller Sicherheit immer weiter durch die Unendlichkeit fortschreitet. Getrennt durch Länder und Meere teilen die Astronomen, die geselligsten aller Einsiedler, sich ihre Elemente mit und können darauf wie auf Felsen fortbauen.«
Gespräch mit F. von Müller, 16. 12. 1812

Ludwig Schrön, Leiter der Jenaer Sternwarte Er ließ darauf nach der Sternwarte fahren, wo Herr Dr. Schrön* uns die bedeutendsten Instrumente vorzeigte und erklärte. Auch das anstoßende Meteorologische Kabinett ward mit besonderem Interesse betrachtet, und Goethe lobte Herrn Dr. Schrön wegen der in allen diesen Dingen herrschenden großen Ordnung.

Wir gingen sodann in den Garten hinab, wo Goethe auf einem Steintisch in einer Laube ein kleines Frühstück hatte arrangieren lassen. »Sie wissen wohl kaum«, sagte er, »an welcher merkwürdigen Stelle wir uns eigentlich befinden. Hier hat Schiller gewohnt. In dieser Laube, auf diesen jetzt fast zusammengebrochenen Bänken haben wir oft an diesem alten Steintisch gesessen und manches gute und große Wort miteinander gewechselt. Er war damals noch in den Dreißigen, ich selber noch in den Vierzigen, beide noch im vollesten Aufstreben, und es war etwas. Das geht alles hin und vorüber; ich bin auch nicht mehr, der ich gewesen, aber die alte Erde hält Stich, und Luft und Wasser und Boden sind noch immer dieselbigen.

Ich ging darauf mit Schrön in die Mansarde und genoß aus Schillers Fenstern die herrlichste Aussicht. Die Richtung war ganz nach Süden, so daß man Stunden weit den schönen die Saale Strom*, durch Gebüsch und Krümmungen unterbrochen, heranfließen sah. Auch hatte man einen weiten Horizont. Der Aufgang und Untergang der Planeten war von hier aus herrlich zu beobachten, und man mußte sich sagen, daß dies Lokal durchaus günstig sei, um das Astronomische und Astrologische im Bis an die Sterne weit ›Wallenstein‹ zu dichten.
Aus: Eckermann: Gespräche mit Goethe, 8. 10. 1827

An die Astronomen
Euer Gegenstand ist der erhabenste freilich im Raume,
   Aber, Freunde, im Raum wohnt das Erhabene nicht.

Der astronomische Himmel
In unendliche Höhen erstreckt sich das Sternengewölbe,
   Doch der Kleinigkeitsgeist fand auch bis dahin den Weg.
Aus: Xenien, Juli 1796

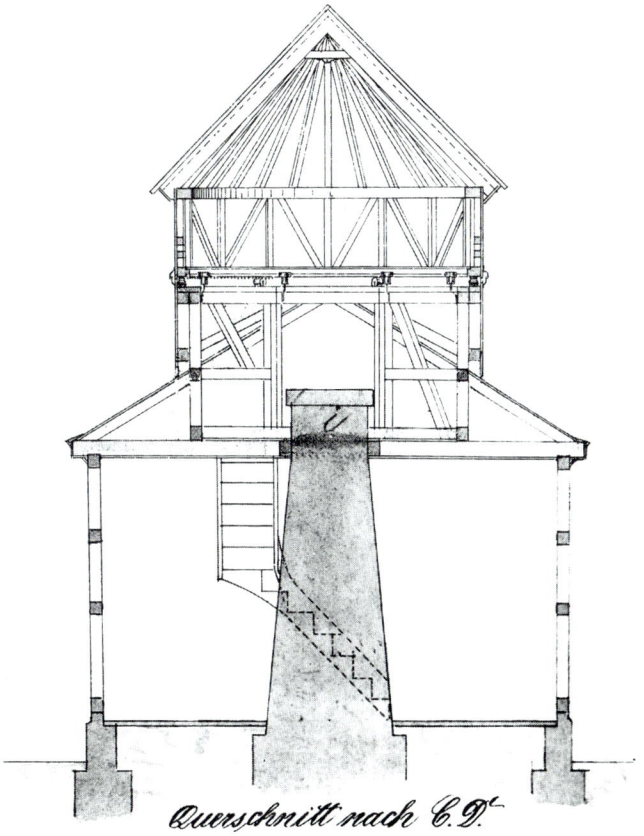

Querschnitt durch den 8 Meter hohen Beobachtungsturm der 1813 in Jena eröffneten Sternwarte. Sie wurde an Schillers ehemaliges Gartenhaus angebaut.

Der Mensch im Kosmos –
Meteorologie
und Astronomie

6.6 An den Grenzen des Erkennens

Wilhelm Meister

... da fiel ihm* Jupiter in die Augen, das Glücksgestirn, so herrlich leuchtend als je; er nahm das Omen als günstig auf und verharrte freudig in diesem Anschauen eine Zeit lang. Hierauf sogleich berief ihn der Astronom herabzukommen und ließ ihn eben dieses Gestirn durch ein vollkommenes Fernrohr, in bedeutender Größe, begleitet von seinen Monden, als ein himmlisches Wunder anschauen. Als unser Freund lange darin versunken geblieben, wendete er sich um und sprach zu dem Sternfreunde:»Ich weiß nicht, ob ich Ihnen danken soll, daß Sie mir dieses Gestirn so über alles Maß näher gerückt. Als ich es vorhin sah, stand es im Verhältnis zu dem übrigen unzähligen des Himmels und zu mir selbst; jetzt aber tritt es in meiner Einbildungskraft unverhältnismäßig hervor und ich weiß nicht, ob ich die übrigen Scharen gleicherweise heranzuführen wünschen sollte. Sie werden mich einengen, mich beängstigen.«
Aus: Wilhelm Meisters Wanderjahre, 1829, 1. Buch

Mikroskope und Fernröhre verwirren eigentlich den reinen Menschensinn.
Aus: Wilhelm Meisters Wanderjahre, 1829, 2. Buch: Betrachtungen im Sinne der Wanderer

Georg Christoph Lichtenberg (1742-1799)

Lichtenbergs* Schriften können wir uns als der wunderbarsten Wünschelrute bedienen; wo er einen Spaß macht, liegt ein Problem verborgen.

in: »Allgemeine Naturgeschichte und Theorie des Himmels« (1755)

In den großen leeren Weltraum zwischen Mars und Jupiter legte er auch einen heitern Einfall. Als Kant* sorgfältig bewiesen hatte, daß die beiden genannten Planeten alles aufgezehrt und sich zugeeignet hätten, was nur in diesen Räumen zu finden gewesen von Materie, sagte jener scherzhaft, nach seiner Art: warum sollte es nicht auch unsichtbare Welten geben? – Und hat er nicht vollkommen wahr gesprochen? Sind die neuentdeckten Planeten* nicht der ganzen Welt unsichtbar, außer den wenigen Astronomen, denen wir auf Wort und Rechnung

Asteroiden

glauben müssen?
Aus: Sprüche in Prosa

Bis an die Sterne weit

Zwischen 1824 und 1827 wurde der Jenaer Sternwarte vom Großherzog Carl August ein Kometensucher übergeben, gebaut von Utzschneider und Fraunhofer in München. Das Instrument befindet sich noch heute im Besitz der Institution.

Doch unter allen Entdeckungen und Überzeugungen möchte
nichts eine größere Wirkung auf den menschlichen Geist hervorgebracht haben, als die Lehre des Kopernikus*. Kaum
war die Welt als rund anerkannt und in sich selbst abgeschlos-
sen, so sollte sie auf das ungeheure Vorrecht Verzicht tun, der
Mittelpunkt des Weltalls zu sein. Vielleicht ist noch nie eine
größere Forderung an die Menschheit geschehen: denn was
ging nicht alles durch diese Anerkennung in Dunst und Rauch
auf: ein zweites Paradies, eine Welt der Unschuld, Dichtkunst
und Frömmigkeit, das Zeugnis der Sinne, die Überzeugung eines poetisch-religiösen Glaubens; kein Wunder, daß man dies
alles nicht wollte fahren lassen, daß man sich auf alle Weise
einer solchen Lehre entgegensetzte, die denjenigen, der sie annahm, zu einer bisher unbekannten, ja ungeahnten Denkfrei-
heit und Großheit der Gesinnungen berechtigte und aufforderte.

Aus: Farbenlehre, Historischer Teil

VERMÄCHTNIS

Kein Wesen kann zu nichts zerfallen,
Das Ew'ge regt sich fort in allen,
Am Sein erhalte dich beglückt!
Das Sein ist ewig, denn Gesetze
Bewahren die lebend'gen Schätze
Aus welchen sich das All geschmückt.

Das Wahre war schon längst gefunden,
Hat edle Geisterschaft verbunden,
Das alte Wahre fass' es an.
Verdank' es, Erdensohn, dem Weisen
Der ihr die Sonne zu umkreisen
Und dem Geschwister wies die Bahn.

Sofort nun wende dich nach innen,
Das Zentrum findest du da drinnen
Woran kein Edler zweifeln mag.
Wirst keine Regel da vermissen,
Denn das selbstständige Gewissen
Ist Sonne deinem Sittentag.

Den Sinnen hast du dann zu trauen,
Kein Falsches lassen sie dich schauen
Wenn dein Verstand dich wach erhält.
Mit frischem Blick bemerke freudig,
Und wandle, sicher wie geschmeidig,
Durch Auen reichbegabter Welt.

Genieße mäßig Füll' und Segen,
Vernunft sei überall zugegen
Wo Leben sich des Lebens freut.
Dann ist Vergangenheit beständig,
Das Künftige voraus lebendig,
Der Augenblick ist Ewigkeit.

Und war es endlich dir gelungen,
Und bist du vom Gefühl durchdrungen:
Was fruchtbar ist allein ist wahr;
Du prüfst das allgemeine Walten,
Es wird nach seiner Weise schalten,
Geselle dich zur kleinsten Schar.

Und wie von Alters her, im stillen,
Ein Liebewerk, nach eignem Willen,
Der Philosoph, der Dichter schuf;
So wirst du schönste Gunst erzielen:
Denn edlen Seelen vorzufühlen
Ist wünschenswertester Beruf.

Im Jahr 1834 kommt der große Komet*; schon habe ich an   Halley
Schrön nach Jena geschrieben, eine vorläufige Zusammenstel-
lung der Notizen über ihn zu machen, damit man einen so
merkwürdigen Herrn wohlvorbereitet und würdig empfange.
Gespräch mit F. von Müller, 27. 2. 1831

Braun: »Man ist freilich bei dem Gebrauch der ganzen Farben sehr eingeschränkt; dahingegen die beschmutzten, getöteten, sogenannten Modefarben unendlich viele abweichende Grade und Schattierungen zeigen, wovon die meisten nicht ohne Anmut sind.« (*Farbenlehre*, § 845)

7. »Mit Hebeln und mit Schrauben«[*]

Wissenschaft und technischer Fortschritt in der Goethezeit

Schraubzwinge, Skizze Goethes

[*] Faust I, V. 675

In seinem langen Leben hat Goethe viele technische Neuerungen miterlebt, die im 19. Jahrhundert den Alltag mehr und mehr beeinflussen sollten. Manche davon hat er begrüßt und gefördert, vor allem dort, wo sie ihm als eine Erleichterung mühseliger oder gefährlicher Tätigkeiten erschienen. Andere hat er mit zunehmend skeptischem Blick betrachtet.

Die Elektrizität war in Goethes Jugendzeit nur in der Form der Reibungselektrizität bekannt. Die Entdeckung der »tierischen« oder Berührungselektrizität (»Galvanismus«) durch Aloisius Galvani und die Berichtigung seiner Theorie durch die Arbeiten von Alessandro Volta brachten ab 1800 einen Aufschwung in der Erforschung und technischen Anwendung elektrischer Erscheinungen. Goethe besaß mehrere Elektrisiermaschinen und befaßte sich ab 1793 auch mit dem Galvanismus. Elektrische ebenso wie magnetische Phänomene hat er gern beobachtet oder sich vorführen lassen und sah sie als Ausdruck einer gemeinsamen Kraft an. Die Wirkung des Magneten erschien ihm als Verkörperung eines »Urphänomens«, nämlich der nicht weiter ableitbaren Erscheinung der *Polarität*. Als Hans Christian Oerstedt 1820 den Elektromagnetismus entdeckte, bestätigte sich Goethes Hoffnung auf eine gemeinsame Grundlage beider Forschungsgebiete. Bei einem Besuch Oerstedts in Weimar im Dezember 1822 unterhielt er sich mit dem dänischen Physiker selbst über dessen Entdeckung – und die eigene Farbenlehre, die er an dieselben physikalischen Gesetze anzuschließen hoffte.

Als uneingeschränkt positiv erlebte Goethe die Anfänge der Luftfahrt, deren Geschichte am 15. Juni 1783 mit dem ersten öffentlichen Aufstieg der Brüder Mongolfier in einem Heißluftballon beginnt. Fast gleichzeitig wurden auch die Wasserstoffballone entwickelt. Das öffentliche Interesse an dieser ersten Erfüllung des alten Menschheitstraums vom Fliegen war riesig, und auch Goethe reagierte mit Begeisterung. Er hat die in den Jahren 1783 bis 1785 stattfindenden Modellversuche des Weimarer Hofapothekers Buchholz interessiert verfolgt und den Ballonflug auch immer wieder als Gleichnis in seinen Werken verwendet.

Mit Hebeln und mit Schrauben

Auch andere technische Neuerungen hat Goethe begrüßt, so etwa die Fortschritte in der Wasserbautechnik. Kanal- und

Dammbauten erschienen ihm als gerechtfertigte Maßnahmen gegen das blinde Wüten der Elemente. In Werken wie dem zweiten Teil des *Faust* oder *Wilhelm Meisters Wanderjahre* wird aber auch ein Unbehagen deutlich gegen das Überhandnehmen des Geistes des technisch Machbaren sowie gegen die zunehmende Beschleunigung des Lebens durch neu entwickelte Maschinen und Verkehrsmittel. Goethe sah in seinen letzten Lebensjahren ein Zeitalter herankommen, das er als »veloziferisch« bezeichnet hat – nach der französischen Eilpost, der »vélocifère«, aber mit deutlichem Anklang an »luziferische« Taten. Die Skepsis gegen das »Maschinenwesen« hat Goethe in seinen literarischen Werken vor allem Frauen in den Mund gelegt.

Die Beiträge der Chemie zur wirtschaftlichen Nutzung wissenschaftlicher Erkenntnisse waren Goethe dagegen sehr erwünscht. Er blieb dieser Lieblingswissenschaft seiner Jünglingsjahre zeitlebens zugetan, informierte sich über neue Entwicklungen und Entdeckungen und sorgte 1789 für die Einrichtung eines Lehrstuhls für Chemie an der Universität Jena, der ersten selbständigen Professur in diesem Fachgebiet in Deutschland. Er experimentierte auch gern zusammen mit dem innovativen Chemiker Johann Wolfgang Döbereiner, der ab 1810 als Dozent in Jena lehrte und später die Grundlage zum Periodensystem der Elemente gelegt hat. Goethe förderte nach Kräften seine Erfindungen, zu denen die Stärkeverzuckerung, die Herstellung von Leuchtgas und das Platin-Feuerzeug gehörten.

Insgesamt gesehen war Goethes Verhältnis zum technischen Fortschritt durchaus ambivalent und sehr abhängig vom jeweiligen Kontext. Er meinte sogar einmal, in einem Brief vom 7. Sept. 1821: »Die Wissenschaft erhält ihren Wert, indem sie nützt«. Doch blieb für ihn letztlich ein Unerforschliches in der Natur, das jedem Zugriff und Gebrauch entzogen ist.

7.1 Katzen und elektrische Jäger

G. Ch. Lichtenberg

Wer weiß etwas von Electrizität, sagte ein heiterer Naturforscher*, als wenn er im Finstern eine Katze streichelt oder Blitz und Donner neben ihm niederleuchten und rasseln? Wie viel und wie wenig weiß er alsdann davon?
Aus: Sprüche in Prosa

Elektrisiermaschine

Ein Hausfreund, dessen Jugend in die Zeit gefallen war, in welcher die Elektrizität alle Geister beschäftigte, erzählte uns öfter, wie er als Knabe eine solche Maschine* zu besitzen gewünscht, wie er sich die Hauptbedingungen abgesehen, und mit Hülfe eines alten Spinnrades und einiger Arzneigläser ziemliche Wirkungen hervorgebracht. Da er dieses gern und oft wiederholte, und uns dabei von der Elektrizität überhaupt unterrichtete; so fanden wir Kinder die Sache sehr plausibel, und quälten uns mit einem alten Spinnrade und einigen Arzneigläsern lange Zeit herum, ohne auch nur die mindeste Wirkung hervorbringen zu können. Wir hielten demungeachtet am Glauben fest, und waren sehr vergnügt, als zur Meßzeit, unter andern Raritäten, Zauber- und Taschenspielerkünsten, auch eine Elektrisiermaschine ihre Kunststücke machte, welche so wie die magnetischen, für jene Zeit schon sehr vervielfältigt waren.
Aus: Dichtung und Wahrheit, 4. Buch

Galvanismus wird entdeckt
Vorteil nicht vom Metier zu sein.
Man hat nichts Altes festzuhalten, das Neue nicht abzulehnen, noch zu beneiden.
Ich suchte mich jedesmal der einfachsten Erscheinung zu bemeistern und erwartete die Mannigfaltigkeit von andern.
Aus: ⟨Naturwissenschaftlicher Entwicklungsgang⟩, 1821

Mit Hebeln und mit
Schrauben

»Wenn ich die Summe von dem Wissenswerten in so mancher Wissenschaft, mit der ich mich mein ganzes Leben hindurch beschäftigt habe, aufschreiben wollte, das Manuskript würde so klein ausfallen, daß Sie es in einem Briefcouvert nach Hause tragen könnten. Es herrscht bei uns der Gebrauch, daß man die Wissenschaften entweder ums Brot verbauern läßt, oder sie auf den Kathedern förmlich zersetzt, so daß uns Deutschen

nur zwischen einer seichten Popularphilosophie und einem
unverständlichen Galimathias* transzendentaler Redensarten   sinnloses Gerede
gleichsam die Wahl gelassen ist. Das Kapitel von der Elektrizität ist noch das, was in neuerer Zeit nach meinem Sinne am vorzüglichsten bearbeitet ist.«
Gespräch mit Falk, 26. 2. 1809

*»Elektrischer Jäger«, Spielzeug aus Goethes Sammlung. Eine mit Stanniol-
flittern belegte Glasröhre diente einst als Verbindungsstück vom Gewehr
zur Scheibe und leitete den Entladungsfunken ins Ziel.*

7.2 Der Magnet

Alle unsere Erkenntnis ist symbolisch. Eins ist das Symbol vom andern: die magnetischen Erscheinungen Symbol der elektrischen, zugleich dasselbe und zugleich ein Symbol des andern. Ebenso die Farben durch ihre Polarität symbolisch für die Pole der Elektrizität und des Magnets. Und so ist die Wissenschaft ein *künstliches* Leben, aus Tatsache, Symbol, Gleichnis wunderbar zusammengeflosssen.
Gespräch mit Riemer, 21. 10. 1805

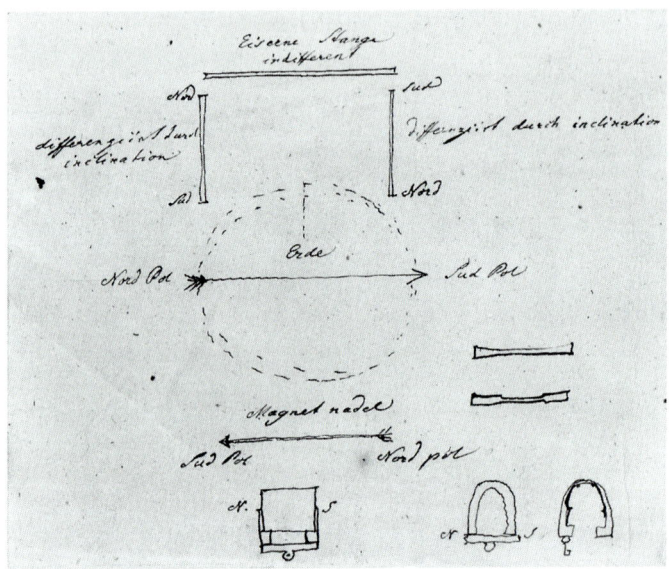

Aufzeichnungen zum Magnetismus von Goethe. Der Magnet erschien ihm als eindrückliches »Urphänomen« der Polarität.

Das unmittelbare Gewahrwerden der Urphänomene versetzt uns in eine Art von Angst, wir fühlen unsere Unzulänglichkeit; nur durch das ewige Spiel der Empirie belebt erfreuen sie uns.

Der Magnet ist ein Urphänomen, das man nur aussprechen darf, um es erklärt zu haben; dadurch wird es denn auch ein Symbol für alles Uebrige, wofür wir keine Worte noch Namen zu suchen brauchen.
Aus: Sprüche in Prosa

Mit Hebeln und mit Schrauben

Der Hoffnung, den Magnetismus an die elektrisch-chemischen und folglich auch an die Farbenwirkungen anzuschließen, kann ich nicht ganz entsagen. Ich sehne mich nach einem hellen Tage um gewisse Versuche durchzuführen. Wenden Sie doch ja Ihre Aufmerksamkeit von diesem Punkte nicht weg. Nach meiner Überzeugung wär die ganze Naturforschung für immer geborgen, wenn dies gelänge.

An Th. Seebeck, 15. 1. 1813

Gar mancherley Betrachtungen über das Herkommen in den Wissenschaften, über Vorschritt und Retardation ja Rückschritt, werden angestellt. Der sich immer mehr an den Tag gebende, und doch immer geheimnißvollere Bezug aller physikalischen Phänomene auf einander ward mit Bescheidenheit betrachtet und so die Chladnischen und Seebeckischen Figuren* parallelisirt, als auf einmal in der Entdeckung des Bezugs des Galvanismus auf die Magnetnadel, durch Prof. *Oerstedt*, sich uns ein beynahe blendendes Licht aufthat.

Aus: Tag- und Jahres-Hefte, 1820

Klangfiguren und entoptische Farberscheinungen

7.3 Faustische Höhenflüge

Die Luftballone werden entdeckt.
Wie nah ich dieser Entdeckung gewesen.
Einiger Verdruß es nicht selbst entdeckt zu haben
Baldige Tröstung.
Aus: ⟨Naturwissenschaftlicher Entwicklungsgang⟩, 1821

Buchholz peinigt vergebens die Lüfte, die Kugeln wollen nicht
steigen. Eine hat sich einmal gleichsam aus Bosheit bis an die
Decke gehoben und nun nicht wieder. Ich habe nun selbst in
meinem Herzen beschlossen, stille anzugehen, und hoffe auf
die Montgolfiers Art eine ungeheure Kugel gewiß in die Luft
zu jagen.
An Knebel, 27. 12. 1783

1 Fuß = 0,314 m

In Weimar haben wir einen Ballon auf Montgolfierische Art
steigen lassen, 42 Fuß* hoch und 20 im größten Durchschnitt.
Es ist ein schöner Anblick, nur hält sich der Körper nicht lange
in der Luft, weil wir nicht wagen wollen, ihm Feuer mitzuge-
ben. Das erstemal legte er eine Viertelstunde Wegs in ungefähr
4 Minuten zurück, das zweitemal blieb er nicht so lange. Er
wird ehstens hier steigen.
An S. Th. Sömmerring, 9. 6. 1784

So ruhen meine Natur-Studien auf der reinen Basis des Erleb-
ten; wer kann mir nehmen daß ich 1749 geboren bin, daß ich
... jede neue Entdeckung im Fortschreiten sogleich vernommen und erfahren; daß ich Schritt für Schritt folgend, die großen Entdeckungen der zweiten Hälfte des achtzehnten Jahrhunderts bis auf den heutigen Tag, wie einen Wunderstern
nach dem andern vor mir aufgehen sehe. Wer kann mir die
heimliche Freude nehmen, wenn ich mir bewußt bin, durch
fortwährendes, aufmerksames Bestreben, mancher großen,
weltüberraschenden Entdeckung selbst so nahe gekommen zu
sein, daß ihre Erscheinung gleichsam aus meinem eignen Innern hervorbrach, und ich nun die wenigen Schritte klar vor
mir liegen sah, welche zu wagen ich in düsterer Forschung ver-
Mit Hebeln und mit säumt hatte.
Schrauben

Aufstieg des ersten bemannten Wasserstoffballons am 1. Dezember 1783 in Paris. Die Entwicklung der Ballontechnik begeisterte Goethe wie viele seiner Zeitgenossen.

Wer die Entdeckung der Luftballone mit erlebt hat wird ein Zeugnis geben, welche Weltbewegung daraus entstand, welcher Anteil die Luftschiffer begleitete, welche Sehnsucht in so viel tausend Gemütern hervordrang an solchen längst vorausgesetzten, vorausgesagten, immer geglaubten und immer unglaublichen, gefahrvollen Wanderungen teilzunehmen ...
Aus: Hefte zur Morphologie: Betrachtungen fortgesetzt ...

FAUST
  Wie kommen wir denn aus dem Haus?
  Wo hast du Pferde, Knecht und Wagen?
MEPHISTOPHELES
  Wir breiten nur den Mantel aus,
  Der soll uns durch die Lüfte tragen.
  Du nimmst bei diesem kühnen Schritt
  Nur keinen großen Bündel mit.
  Ein Bißchen Feuerluft, die ich bereiten werde,
  Hebt uns behend von dieser Erde.
  Und sind wir leicht, so geht es schnell hinauf;
  Ich gratuliere dir zum neuen Lebenslauf.
Aus: Faust I, V. 2063-72

Wissenschaft und technischer Fortschritt in der Goethezeit

165

7.4 Das »veloziferische« Zeitalter

Alles aber, mein Teuerster, ist jetzt ultra, alles transzendiert unaufhaltsam, im Denken wie im Tun. Niemand kennt sich mehr,
niemand begreift das Element worin er schwebt und wirkt, niemand den Stoff den er bearbeitet. Von reiner Einfalt kann die
Rede nicht sein, einfältiges Zeug gibt es genug.

Junge Leute werden viel zu früh aufgeregt und dann im Zeit-
strudel fortgerissen; Reichtum und Schnelligkeit ist was die
Welt bewundert und wornach jeder strebt; Eisenbahnen,
Erleichterungen Schnellposten, Dampfschiffe und alle mögliche Fazilitäten*
der Kommunikation sind es worauf die gebildete Welt ausgeht,
sich zu überbieten, zu überbilden und dadurch in der Mittelmä-
ßigkeit zu verharren ...
Eigentlich ist es das Jahrhundert für die fähigen Köpfe, für
leichtfassende praktische Menschen, die, mit einer gewissen
Gewandtheit ausgestattet, ihre Superiorität über die Menge
fühlen, wenn sie gleich selbst nicht zum Höchsten begabt
sind. Laß uns soviel als möglich an der Gesinnung halten in
der wir herankamen, wir werden, mit vielleicht noch wenigen,
die Letzten sein einer Epoche die sobald nicht wiederkehrt.
An Zelter, 6. 6. 1825

Für das größte Unheil unsrer Zeit, die nichts reif werden läßt,
muß ich halten daß man im nächsten Augenblick den vorherge-
henden verspeist, den Tag im Tage vertut, und so immer aus der
Hand in den Mund lebt, ohne irgend etwas vor sich zu bringen.
Haben wir doch schon Blätter für sämtliche Tageszeiten, ein guter Kopf könnte wohl noch Eins und das Andere interpolieren.
Dadurch wird alles, was ein jeder tut, treibt, dichtet, ja was er
vorhat, ins Öffentliche geschleppt. Niemand darf sich freuen
oder leiden, als zum Zeitvertreib der Übrigen; und so springt's
von Haus zu Haus, von Stadt zu Stadt, von Reich zu Reich und
zuletzt von Weltteil zu Weltteil, alles velozifersch.

So wenig nun die Dampfwagen zu dämpfen sind, so wenig ist
dies auch im Sittlichen möglich: die Lebhaftigkeit des Handels,
Mit Hebeln und mit das Durchrauschen des Papiergeldes, das Anschwellen der
Schrauben Schulden, um Schulden zu bezahlen, das alles sind die ungeheuern Elemente, auf die gegenwärtig ein junger Mann gesetzt ist.

Wohl ihm, wenn er von der Natur mit einem mäßigen ruhigen
Sinn begabt ist; wenn es ihn weder drängt, unverhältnismäßige
Forderungen an die Welt zu machen, noch sie von ihr erdulden
mag.

An G. H. L. Nicolovius, Ende November 1825? (Konzept)

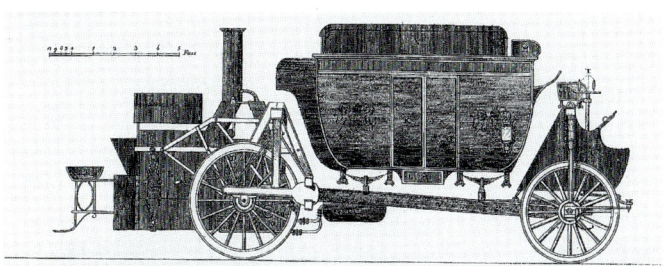

A. *Feuerherd, zu welchem eine Thür führt, hinten zwischen zwei* H. *Kutschersitz*
   Sitzen, für den welcher über den Dampf die Aufsicht hat. I. *Rad und Handgriffe wodurch der Kutscher den Wagen leitet.*
BB. *Dampfkessel mit dem Schornstein.* KK. *Thüren.*
C. *Brennmaterial Behälter.* L. *Vorathsbehälter für Werkzeug.*
D. *Ein Theil des eigentlichen Triebwerks.* M. *Sitz für den Wächter.*
EE. *Condensor der Dämpfe.* N. *Imperiale für leichte Packerey.*
F. *Wasserbehälter.* O. *Treibräder welche die Wagenräder in Bewegung setzen.*
G. *Behälter, worin der Apparat zur Leitung der Vorderräder.*

Aus den Anfängen des maschinenbetriebenen Individualverkehrs: eng-
lischer Dampfwagen für den Gütertransport auf der Straße, vorgestellt in
Bertuchs *Journal des Luxus und der Moden* Weimar 1822.

7.5 Weibliche Skepsis

Ich hörte ihr zu, nur um sie zu hören, dabei überzeugt' ich mich, daß sie von der Sache durchdrungen, davon als einer herkömmlichen Pflicht angezogen und mit Willen beschäftigt schien. Sie fuhr fort: »es ist gewöhnlich und eingerichtet, daß das Gewebe gegen das Ende der Woche fertig sei und am Sonnabend Nachmittag zu dem Verlagsherrn* getragen werde, der solches durchsieht, mißt und wägt, um zu erforschen, ob die Arbeit ordentlich und fehlerfrei, auch ob ihm an Gewicht und Maß das Gehörige eingeliefert worden, und wenn alles richtig befunden ist, sodann den verabredeten Weberlohn zahlt.

»Ich habe,« fuhr sie fort, »wie Sie zuerst hereintraten einen von denen Herren zu sehen geglaubt die mir in Triest Kredit machen, und war mit mir selbst wohl zufrieden als ich mein Geld vorrätig wußte, man mochte die ganze Summe oder einen Teil verlangen. Was mich aber drückt ist doch eine Handelssorge, leider nicht für den Augenblick, nein! für alle Zukunft. Das überhand nehmende Maschinenwesen quält und ängstigt mich, es wälzt sich heran wie ein Gewitter, langsam, langsam; aber es hat seine Richtung genommen, es wird kommen und treffen. Schon mein Gatte war von diesem traurigen Gefühl durchdrungen. Man denkt daran, man spricht davon, und weder Denken noch Reden kann Hülfe bringen. Und wer möchte sich solche Schrecknisse gern vergegenwärtigen! Denken Sie daß viele Täler sich durch's Gebirg schlingen, wie das wodurch Sie herabkamen, noch schwebt Ihnen das hübsche frohe Leben vor das Sie diese Tage her dort gesehen, wovon Ihnen die geputzte Menge allseits andringend gestern das erfreulichste Zeugnis gab; denken Sie wie das nach und nach zusammensinken, absterben, die Öde, durch Jahrhunderte belebt und bevölkert, wieder in ihre uralte Einsamkeit zurückfallen werde.
»Hier bleibt nur ein doppelter Weg, einer so traurig wie der andere; entweder selbst das Neue zu ergreifen und das Verderben zu beschleunigen, oder aufzubrechen, die Besten und Würdigsten mit sich fort zu ziehen und ein günstigeres Schicksal jenseits der Meere zu suchen. Eins wie das andere hat sein Bedenken, aber wer hilft uns die Gründe abwägen, die uns bestimmen sollen? Ich weiß recht gut daß man in der Nähe mit dem Gedan-

ken umgeht selbst Maschinen zu errichten und die Nahrung der Menge an sich zu reißen. Ich kann niemanden verdenken, daß er sich für seinen eigenen Nächsten hält; aber ich käme mir verächtlich vor, sollt' ich diese guten Menschen plündern und sie zuletzt arm und hülflos wandern sehen; und wandern müssen sie früh oder spat. Sie ahnen, sie wissen, sie sagen es, und niemand entschließt sich zu irgend einem heilsamen Schritte. Und doch, woher soll der Entschluß kommen? wird er nicht jedermann eben so sehr erschwert als mir?

Aus: Wilhelm Meisters Wanderjahre, 3. Buch

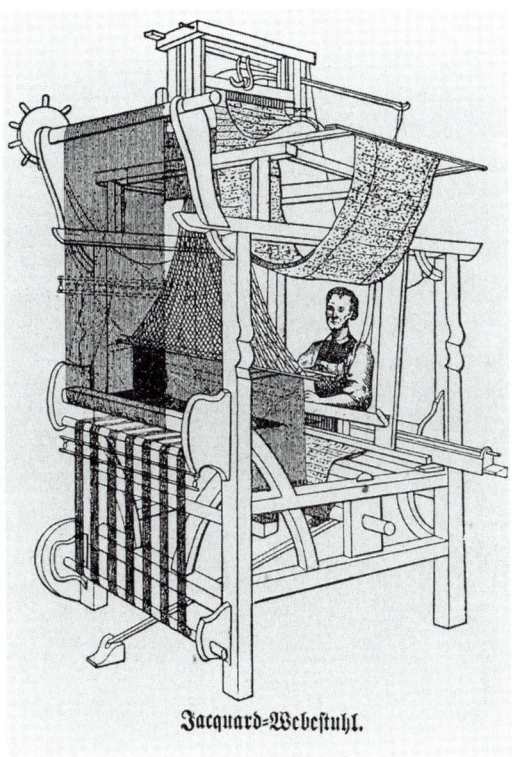

Jacquard=Webstuhl.

Am 1808 entwickelten Jacquard-Webstuhl ist der Mensch nur noch Teil einer Maschine. Die Muster werden durch vorgestanzte Lochkarten erzeugt.

OFFENE GEGEND

PHILEMON
Kann der Kaiser sich versündgen
Faust   Der das Ufer ihm* verliehn?
Tät's ein Herold nicht verkündgen
Schmetternd im Vorüberziehn?
Nicht entfernt von unsern Dünen
War der erste Fuß gefaßt,
Zelte! Hütten! – Doch, im Grünen,
Richtet bald sich ein Palast.

BAUCIS
Tags umsonst die Knechte lärmten,
Hack und Schaufel, Schlag um Schlag,
Wo die Flämmchen nächtig schwärmten
Stand ein Damm den andern Tag.
Menschenopfer mußten bluten,
Nachts erscholl des Jammers Qual,
Meerab flossen Feuergluten;
Morgens war es ein Kanal.
Gottlos ist er, ihn gelüstet
Unsre Hütte, unser Hain;
Wie er sich als Nachbar brüstet
Soll man untertänig sein.

PHILEMON
Hat er uns doch angeboten
Schönes Gut im neuen Land!

BAUCIS
Traue nicht den Wasserboten,
Halt auf deiner Höhe Stand!

PHILEMON
Laßt uns zur Kapelle treten!
Letzten Sonnenblick zu schaun.
Laßt uns läuten, knien, beten!
Und dem alten Gott vertraun.

Aus: Faust II, 5. Akt: V. 11 115-11 142

*Mit Hebeln und mit
Schrauben*

GROSSER VORHOF DES PALASTS

FAUST *aus dem Palaste tretend, tastet an den Türpfosten*
Wie das Geklirr der Spaten mich ergötzt!
Es ist die Menge, die mir frönet,
Die Erde mit sich selbst versöhnet,
Den Wellen ihre Grenze setzt,
Das Meer mit strengem Band umzieht.
MEPHISTOPHELES *bei Seite*
Du bist doch nur für uns bemüht
Mit deinen Dämmen deinen Buhnen*;   Deich-Vorbauten
Denn du bereitest schon Neptunen,
Dem Wasserteufel, großen Schmaus.
In jeder Art seid ihr verloren,
Die Elemente sind mit uns verschworen,
Und auf Vernichtung läufts hinaus.
FAUST
Aufseher!
MEPHISTOPHELES
          Hier!
FAUST

          Wie es auch möglich sei
Arbeiter schaffe Meng' auf Menge,
Ermuntere durch Genuß und Strenge,
Bezahle, locke, presse bei!
Mit jedem Tage will ich Nachricht haben
Wie sich verlängt der unternommene Graben.
MEPHISTOPHELES *halblaut*
Man spricht, wie man mir Nachricht gab,
Von keinem Graben doch vom Grab.
FAUST
Ein Sumpf zieht am Gebirge hin,
Verpestet alles schon Errungene;
Den faulen Pfuhl auch abzuziehn
Das Letzte wär das Höchsterrungene.
Eröffn' ich Räume vielen Millionen,
Nicht sicher zwar, doch tätig-frei zu wohnen.
Aus: Faust II, 5. Akt: V. 11 539-11 564

Wissenschaft und
technischer Fortschritt
in der Goethezeit

7.6 Vom Nutzen der Chemie

»Wie ungeheure Summen haben nicht die Fabrikherren bloß durch falsche Ansichten in der Chemie verloren! Selbst die technischen Künste sind bei weitem nicht, wie sie sollten, vorgerückt. Diese Bücher- und Stubengelehrsamkeit, dies Klugwerden und Klugmachen aus nachgeschriebenen Heften ist auch die alleinige Ursache, daß die Zahl der wahrhaft nützlichen Entdeckungen durch alle Jahrhunderte so gering ist.«
Gespräch mit Falk, 26. 2. 1809

Döbereiner beträgt sich sehr lobenswürdig; er nimmt im Theoretischen, Praktischen, Technischen, Didaktischen täglich zu. Die von uns bei Ihrem Hiersein besprochenen Instrumente und sonstigen Erfordernisse sind teils schon angeschafft teils im Werke ...

Worauf ich mich besonders freue, ist eine chemische Präparatensammlung deren erste Anfänge in einigen hundert Gläsern bestehend, schon höchst reizend und unterrichtend sind.

Die neue Chemie wird dem Liebhaber immer unzugänglicher, indem das Gedächtnis die unendliche Nomenklatur nicht mehr fassen, die Einbildungskraft so viel vorübergehende Verwandlungen nicht verfolgen, und das Urteil mit dem unzähligen Gegebenen nicht mehr spielen und gebaren kann. Mir ist es indessen sehr merkwürdig, daß die Wissenschaft, die, in ihrem eingehüllten Ursprunge*, erst ein Geheimnis ist, wieder, in ihrer unendlichen Entfaltung, zum Geheimnis werden muß. In diesen Rücksichten kommt eine solche Präparatensammlung sehr zu statten. Form und Farbe eines jeden Gegenstands prägen sich ein, und die Einbildungskraft kommt den übrigen Vermögen zu Hülfe.

Döbereiner beschäftigt sich sehr emsig mit der Zuckerfabrikation aus Stärke, sie ist ihm gleich gelungen. Kühn genug, macht er die Operation in kupfernen Gefäßen, ja er behauptet, daß der hiebei tätige galvanische Prozeß jene Zuckerwerdung begünstige ...
An Th. Seebeck, 29. 4. 1812 (Konzept)

Daß ich Döbereiner und somit der Chemie in Jena für ewig eine Burg erbauen kann, gibt mir eine behagliche Tätigkeit. Alle üb-

als Alchemie

Mit Hebeln und mit Schrauben

172

Johann Wolfgang Döbereiner (1780-1849), Professor für Chemie und Pharmazie in Jena, hat Goethe in chemischen Fragen beraten und führte ihn auch in die neuesten Entdeckungen auf diesem Gebiet ein.

rige Anstalten die Sie kennen sind in bester Zucht und Ordnung; alle lebendig wenn gleich nicht alle auf gleiche Weise sprossend und wachsend.
An Riemer, 25. 5. 1816

7.7 Das Erforschliche und das Unerforschliche

… inwiefern wir ein Unerforschtes für unerforschlich erklären dürfen, und wie weit es dem Menschen vorwärts zu gehen erlaubt sei, ehe er Ursache habe vor dem Unbegreiflichen zurückzutreten oder davor stille zu stehen? Unsere Meinung ist: daß es dem Menschen gar wohl gezieme ein Unerforschliches anzunehmen, daß er dagegen aber seinem Forschen keine Grenze zu setzen habe; denn wenn auch die Natur gegen den Menschen im Vorteil steht und ihm manches zu verheimlichen scheint, so steht er wieder gegen sie im Vorteil, daß er, wenn auch nicht durch sie durch, doch über sie hinaus denken kann. Wir sind aber schon weit genug gegen sie vorgedrungen, wenn wir zu den Urphänomenen gelangen, welche wir, in ihrer unerforschlichen Herrlichkeit, von Angesicht zu Angesicht anschauen und uns sodann wieder rückwärts in die Welt der Erscheinungen wenden, wo das, in seiner Einfalt, Unbegreifliche sich in tausend und aber tausend mannigfaltigen Erscheinungen bei aller Veränderlichkeit unveränderlich offenbart.
Aus: Karl Wilhelm Nose

Je weiter man in der Erfahrung fortrückt desto näher kommt man dem Unerforschlichen; je mehr man die Erfahrung zu nutzen weiß desto mehr sieht man daß das Unerforschliche keinen praktischen Nutzen hat.

Das schönste Glück des denkenden Menschen ist das Erforschliche erforscht zu haben und das Unerforschliche ruhig zu verehren.
Aus: Sprüche in Prosa

Ihr Instrumente freilich, spottet mein,
Mit Rad und Kämmen, Walz' und Bügel.
Ich stand am Tor, ihr solltet Schlüssel sein;
Zwar euer Bart ist kraus, doch hebt ihr nicht die Riegel.
Geheimnisvoll am lichten Tag
Läßt sich Natur des Schleiers nicht berauben,
Und was sie deinem Geist nicht offenbaren mag,
Das zwingst du ihr nicht ab mit Hebeln und mit Schrauben.
Faust I: Nacht, V. 668-675

Mit Hebeln und mit Schrauben

PARABASE

Freudig war, vor vielen Jahren,
Eifrig so der Geist bestrebt,
Zu erforschen, zu erfahren,
Wie Natur im Schaffen lebt.
Und es ist das ewig Eine,
Das sich vielfach offenbart;
Klein das Große, groß das Kleine,
Alles nach der eignen Art.
Immer wechselnd, fest sich haltend.
Nah und fern und fern und nah;
So gestaltend, umgestaltend –
Zum Erstaunen bin ich da.

Wissenschaft und
technischer Fortschritt
in der Goethezeit

Adolf Muschg
Ein Brief

Goethes Lebenstraum
Der Klassiker als Grenzphänomen

I

Der »Egoist im höchsten Grade«, der kalte Höfling, der politische Opportunist, der menschliche Drückeberger und Feigling vor dem Freund, der schamlose Ausbeuter seiner Umgebung – sie ist lang, die Latte nicht recht löblicher Eigenschaften, die sich der 250jährige schon von seinen Zeitgenossen nachsagen lassen mußte. Daß sie ebenso leicht zu belegen wie zu bestreiten sind, hängt mit einem in der Literaturgeschichte beispiellosen Quellenreichtum zusammen – man darf ihn ruhig als Kuriosum betrachten, bevor man ihn als Glücksfall feiert. Wir wissen fast nichts über Shakespeare, über Goethe fast alles – und das Resultat scheint fast dasselbe: Unschärfe der Gestalt. Wir erhalten so viele Bilder wie Betrachter, und daß die Kultur dieses Bilderdienstes nicht müde wird, ja, daß sie die Frage, ob sie denn eine Kultur sei, geradezu von ihrem Goethe-Verständnis abhängig macht, ist freilich ein Phänomen, das man anderswo nicht kennt. Es begründet einen Klassiker-Status ganz eigener Art und stellt, lieblos betrachtet, ein Dementi des Klassischen dar. Denn: was ist das für ein Vorbild, das immer wieder behauptet werden muß, nur um, mit gleichem Recht, der Gegenbehauptung ausgeliefert zu werden?

Kein Genie eignet sich weniger dazu, schwarz auf weiß nach Hause getragen zu werden – und keines ist gläubiger und obligatorischer im Hause aufgestellt worden. Kein Wert wird so blind gebucht, und von keinem ist schwerer zu sagen, worin er besteht – zugleich könnte keiner so sehend machen für das Blinde einer ungedeckten Klassikerverehrung. »Drum sei ein Mann und folge mir nicht nach« – das ist nicht nur die Warnung Werthers an alle Nachfolgetäter, es ist auch ein Generalvorbehalt gegen jede Konfusion des Lebens mit dem Werk – und dies aus einem Mund, der diese Verbindung exemplarisch hergestellt hat. »Goethe kennen« hieß für viele Schülergenerationen nichts anderes und Dringenderes, als seine Lieben hersagen zu können und den entsprechenden Werken richtig zuzuordnen. Dabei durfte die Maxime von Goethes Handeln ganz gewiß nicht, im Sinn des kategorischen Imperativs, zum allgemeinen Sittengesetz erhoben werden – sie hatte die Regel als Ausnahme zu bestätigen. In ihm feierte die deutsche Kultur alles, was sie nicht war. Wer Goethes Werk als »Bruchstücke einer

Adolf Muschg

178

großen Konfession« las, konnte sich zwar bei ihm selbst die Erlaubnis dafür holen – aber wehe einem jeden, der sie als Freipaß zum Überschreiten der Kunstgrenze verstand, denn es ist darin »kein Strich enthalten, der nicht erlebt, aber auch kein Strich so, wie er erlebt worden«.

Aber wie denn, und was nun? Wer beim Eintritt ins Goethe-Haus nur das SALVE sieht, und das CAVE übersieht, weiß nicht einmal, daß er sich in ein Labyrinth begibt und mit jedem Schritt selbst ein Teil davon wird. Zugleich begegnet er zahllosen Hinweisen, die es als Pädagogische Provinz kennzeichnen, in der alles auf rechte Führung und verläßliches Geleit abgesehen ist. Die Einrichtung wirkt geradezu pedantisch geordnet, ihr Herr zeigt sich jeder Gefühlsverwirrung abhold – alles nur Lug und Trug? Klassiker hin oder her – lebendig genug scheint der 250jährige immer noch zu sein. Du hast bei unserem letzten Gespräch jedenfalls etwas ganz Neues gegen ihn einzuwenden gehabt: er sei kein Träumer gewesen. Von einem Praktiker kam dies als Kritik einigermaßen überraschend: und auf Anhieb wollte mir, in der Tat, kaum eine Stelle einfallen, an der bei Goethe geträumt wird. Wilhelm Meister träumt einmal eher belanglos; den Jugendtraum, über den Träumer Joseph einen Roman zu schreiben, hat Goethe Thomas Mann zur Ausführung überlassen. Natürlich kann man Kunstwerke psychoanalytisch wie Träume lesen, besonders das »Märchen« hat das Zeug dazu. Im übrigen hat Goethe das Träumen anderen Charakteren, romantischen, weniger tüchtigen überlassen.

Aber so genau wolltest du, der Exakte, die Dinge diesmal gar nicht betrachten. Du vermißtest einen »Lebenstraum«, sagtest du. Einen Entwurf? eine Vision? Nein: *what made him tick* – »Herz« wolltest dazu nicht sagen, darum sagtest du »Lebenstraum« – und verbatest dir auch noch jedes Goethe-Zitat. Mein Wort wolltest du dafür, denn bei Goethe stehe nicht nur alles, sondern auch das Gegenteil.

Das stimmt – darum möchte ich ihn wenigstens zu deinen Gunsten zitieren dürfen. Denk dir ein Zimmer, dessen Wände ganz mit Lebensweisheiten tapeziert sind, und ein junges Mädchen, das dazu sagt: »ich finde, daß man sie alle umkehren kann, und daß sie alsdann eben so wahr sind, und vielleicht noch mehr.« Von dieser Hersilie aus den »Wanderjahren« hat der Physiker Niels Bohr wahrscheinlich nichts gehört, als er sie wissenschaftlich bestätigte: die Wahrheit eines Satzes erkenne man daran, daß sein Gegenteil genau so wahr sei.

Das hängt – soviel ich davon verstehe – mit den Symmetrie-Gesetzen zusammen, welche die moderne Physik bei ihren Materien beobachtet. Auch wenn man die Anti-Materien dazu noch nicht gefunden hat, kann man ihre Existenz so zuverlässig annehmen wie Kepler die Existenz eines Planeten zwischen Jupiter und Mars, so daß Herschel 1781 den Uranus nur noch zu entdecken brauchte. Der linksdrehende *Spin* eines Elementarteilchens verlangt einen rechtsdrehenden, und wenn er sich nicht an Ort und Stelle findet, kann er, dank der Quantenmechanik, räumlich – etwa auch zeitlich? – weit entfernt sein.

Ob Goethe freudig überrascht wäre, daß wir inzwischen in Bereiche vorgedrungen sind, wo die Newtonsche Physik ihr Recht verloren hat – das er ihr ja schon für die Farbenlehre energisch bestritt? Er hätte uns wohl eher dafür getadelt, daß wir ausgeklügelter Apparate bedürfen, um zu sehen, was uns schon das unbewaffnete Auge zeigen könnte. Aber es war nicht nur an Physik, sondern an Weltweisheit überhaupt gedacht, als die Ottilie der »Wahlverwandtschaften« in ihr Tagebuch notierte: »Jedes ausgesprochene Wort erregt den Gegensinn.«

Was das immerhin tröstliche Symmetriegebot der Naturwissenschaft betrifft, so scheint es doch eine gravierende Ausnahme zuzulassen: einen Gegensinn zur ablaufenden Zeit hat sie uns noch nicht entdeckt, jedenfalls nicht für den gewöhnlichen Lebenshaushalt. Der läuft unerbittlich in eine Richtung, mit dem Ziel Entropie, auch »Wärmetod« genannt. Und mein persönlicher Zeitpfeil, im Augenblick meiner Geburt abgeschossen, fliegt genau so schnell oder so langsam, daß er mich in bestimmter Stunde zur Strecke bringt, und das heißt: meine Lebenszeit zur Frist macht – in *jeder* Stunde. Ich kann sie auch träumend verbringen, oder virtuell *Back to the future* reisen: meine Uhr tickt unverdrossen weiter und streicht wieder etwas von meinem Zeitguthaben ab.

2

Adolf Muschg

Aber müssen wir »des Lebens goldnen Baum« gerade da sägen, wo er am dicksten ist und zu grünen aufhört? Dank Ottilie und Hersilie brauchen wir Jungmädchenweisheiten jetzt nicht mehr zu scheuen, auch nicht in Sachen »Lebenstraum«. Für weibliche Assoziationen ist der junge Goethe vielleicht ganz der rechte Mann, das hat auch Thomas Mann bei ihm herausgewittert. Unter den Kraftsimulanten des Sturm und Drang hat Goethe nie so recht wie ein ganzer Mann gewirkt: flatterhaft wie ein Schmetterling, ein Schauspieler, der sich immer neue Rollen anprobiert und dem es gegeben ist, wo nicht durchschlagend, so doch hinreißend zu wirken – und gar nicht wenig kokett. Freilich hat ihm niemand so kraß weibliche Eigenschaften unterstellt wie ein zehn Jahre jüngerer Zeitgenosse: »Ich betrachte ihn wie eine stolze Prüde, der man ein Kind machen muß, um sie vor der Welt zu demütigen.«

So Schiller 1789, im Geburtsjahr der Französischen Revolution. Er hat danach gehandelt und Goethe im durchaus biblischen Doppelsinn *erkannt* wie kein anderer; er hat ihm »Kinder gemacht« – niemand ist an »Wilhelm Meister«, an der Fortsetzung des »Faust«, sogar an der »Farbenlehre« intimer beteiligt gewesen. Nur aus dem »Demütigen« wurde nichts – vielmehr kam die Demut an Schiller, und das will bei dem stolzesten Mann der deutschen Literatur etwas heißen. Die mütterliche Schöpferkraft zeigte ihm seine Grenzen. Goethe suchte den richtenden, den trennenden Blick Schillers, forderte ihn dazu heraus, ihm Dienste zu leisten – und entzog ihm am Ende die lebendigen Geschöpfe, wie Rhea ihre Kinder, das werdende Geschlecht des Olymps, vor dem eifersüchtigen Vater Kronos verbarg. Schiller hat Goethe »die Summe seiner Existenz« gezogen; der Andere antwortete mit dem »Inkalkulablen« seiner Produktion, und Schiller dankte ihm noch dafür. »Wie du dir selbst getreu bleibst, bist dus mir.«

Schiller hat Goethes Lebensträume nicht torpediert, er hat sie auch nicht nur geduldet, er hat sie solider gemacht. Du weißt, wie Perlen erzeugt werden: man schiebt der Geschlechtsöffnung der Auster einen Fremdkörper ein, den sie nicht los wird; es bleibt ihr nur übrig, ihn mit ihrer eigenen Substanz zu isolieren. Das Schmuckstück, das daraus entsteht, vergleicht man mit Tränen.

Auch Goethes Naturwissenschaft war ein Produkt der Selbstüberwindung. »Grenzenlose Subjektivität« findest du im »Werther« am Werk, in allen Jugenddramen bis zur Berufung nach Weimar, auch in »Wilhelm Meisters theatralischer Sendung«,

wo sich ein junger Mann die Rolle seines Lebens vom Theater
erträumt. Der grenzenloseste Anspruch des Subjekts auf Natur-
herrschaft findet sich natürlich im »Faust«. »Ich bin nur durch
die Welt gerannt, ein jed Gelüst ergriff ich bei den Haaren.«
Wieder ein Goethe-Zitat, von dem das Gegenteil aber ebenso
wahr ist – oder wurde, sonst gäbe es den zweiten Teil des
»Faust« nicht, der dem ersten den Prozeß macht.

Für die Überführung von leidigen Widerständen in ehrwürdige
Gegenstände – und damit: für das Austräumen von Lebensträumen – mußte Goethe auch sonst einiges zu Hilfe kommen:
die Geschäfte in Weimar, natürlich die Italienische Reise, und
zum Abgewöhnen: der Alptraum der Französischen Revolution. Aber Goethes eigene Bestätigung liegt vor, daß es Schiller
war, der ihn wieder zum Poeten gemacht und ihm zurückgege-
ben habe, was Schiller selbst nicht besaß: Haftung im Natürlichen, und das heißt: Sympathie für Grenzen, auch die eigenen;
denn über ihnen schwebte die Verheißung eines Heiligen Lan-
des. Schiller bot sich Goethe nicht nur als Versucher an, sondern als Versuchsperson und als Leitstern zu einer Küste, die
für Schiller selbst eine reine Fremde blieb. So wurde der Vater
in der Verbindung zugleich zur Mutter des erreichten Gegen-
ständlichen – beim Andern, der nicht nur anders bleiben, sondern gar nicht anders genug werden konnte. – Entschuldige,
wenn ich an dieser Stelle ein wenig Luft hole –: ich kenne in
der Geschichte des Geistes keine vergleichbare Konstellation,
keine Fraternité wie diese: nichts von Gleichheit – im Namen
der Freiheit; zuerst der Freiheit von Eigenliebe.

3

Für einen Mann sind Frauenbilder die klassischen Darstellerin-
nen von Lebensträumen. Und sieh dir nun die Goetheschen
Frauen vor und nach der Schiller-Schwangerschaft an. Bei
Frauen, gestand der Alte seinem Eckermann, habe er sich
auch literarisch immer sicher gefühlt, sie waren ihm keine
Fremden wie für Schiller, der von ihnen keinen Begriff, das
heißt: *nur* einen Begriff hatte.

Das Seelenstück »Stella«, 1775 vor der Übersiedlung nach Weimar geschrieben, ist ein Stück Wunscherfüllung, wie es im Bu-
che steht, und der Lebenstraum dazu sieht auf den ersten Blick

nur allzu männlich aus. Ein gefühlvoller Don Juan zwischen zwei Frauen – aber nein, da stimmt schon kein Wort. Ein Mann kämpft gegen die Zeit für die Wahrheit seiner Beziehungen – schon wieder »schlecht und modern«! Also: Fernando und Cäcilie lieben einander, heiraten, dann wird die Ehe wohl für beide ein bißchen dünn, und der Mann entläuft ihr, findet eine Jüngere, die feine, etwas verschwärmte Stella; mit ihr läßt sich der symbiotische Lebenstraum weiterträumen – und wird Fernando eines Tages wieder zuwenig oder zuviel. Er flieht zum zweiten Mal, diesmal in den Krieg, zum Zeichen, wie zerstritten er mit sich selbst ist. Heil, aber reuig kehrt er zurück, will das Glück mit seiner Stella wiederholen. Sie hat inzwischen das gemeinsame Kind verloren und sich um sein Grab einen wahren Kult aufgebaut. Jetzt aber wird alles gut – Leider will es der Zufall, daß die erste Frau, Cäcilie, mit ihrer Tochter Lucie im selben Gasthof abgestiegen ist wie Fernando. Sie hat ihr Vermögen eingebüßt, muß sich selbst versorgen; für Lucie, den lebenstüchtigen Teenager, hat sich eine Stelle gefunden, als Begleiterin einer adeligen Dame; und der Zufall will es abermals, daß diese gerade die – beiden natürlich unbekannte – Stella sein muß. Goethes Dramaturgie fügt es so, daß die Verwicklung der vier Personen jede Lösung des Knotens verunmöglicht. Fernando möchte ihn durchhauen, indem er mit Frau und Tochter hinterrücks abreist; das mißlingt ebenso wie sein Versuch, Stella zu belügen. Aber die Wahrheit ist nicht lebbar, die Sachlage, für eine konventionelle Dramaturgie, verzweifelt. Stella wird nichts übrigbleiben, als sich zu vergiften, worauf sich Fernando erschießt, und Cäcilie reist mit ihrer Tochter ins Leere weiter.

Diesen Schluß gibt es, Goethe hat ihn 1806 nachgeliefert, da ihm die Weimarer Verhältnisse keinen andern zu erlauben schienen. Sich selbst aber hat er drei Jahrzehnte früher einen ganz andern, unerhörten genehmigt. Cäcilie, die erste Frau, liebt Fernando jetzt um seiner neuen Liebe willen, und vielleicht liebt sie Stella noch ein wenig mehr. Darum kann nur sie es sein, die einen Bund zu dritt, oder, mit der Tochter: zu viert vorschlägt. Als Brücke zu diesem Ausweg dient die alte Legende eines Grafen von Gleichen, der Weib und Kind verlassen mußte, um das Kreuz zu nehmen. Nach Jahren kehrt er mit einer jungen Frau zurück, die ihm im Heiligen Land das Leben gerettet hat. Und siehe, nun deckt die Ehefrau die Liebe und Treue, die der Mann beiden Frauen schuldet, indem sie Hand bietet für eine Ehe zu dritt; sogar die Kirche gibt ihren Segen dazu, und am Ende ruhen sie auch zu dritt in einem Grab. Als ich das Stück mit werdenden Architekten analysierte, wollten sie an diesem Schluß nichts Aufregendes mehr finden. Eine Teilnehmerin schlug vor, Stella und Cäcilie möchten zusammenbleiben und Fernando mit der Tochter verreisen; für diese Variante fand sie Anhaltspunkte in Goethes Text. Aber die Berechtigung einer untragischen Lösung war im Prinzip unbestritten. Sie hat einen Lebenstraum zu bieten, wie ihn Scheidungskinder träumen: warum leben wir nicht alle zusammen, wenn wir uns doch so gut vertragen?

Wie recht sie haben – und wie wenig bekommen sie recht. Es sind gerade diese Phantasien von Symbiose, die Goethe später als »subjektiv« verwirft. Inzwischen hatte er Mutter Natur besser kennengelernt. Und die Naturwissenschaft, die er zuvor ebenfalls eher narzißtisch betrieben hatte, zeigte ihm ihre Grenze – aber nicht als lästige Bedingung, sondern als genaue Form und Zuwendung eigenen Rechts. Die »Farbenlehre« – was ist sie anderes als ein einziges Fest der *Grenze*? Hier verlangt die Natur ihrem Liebhaber die nötige »zarte Empirie« ab, hier verkehrt sie mit ihm in ihrer eigenen Sprache. Denn Grenzen, die Schiller nicht für den moralischen Ernst, nur für das ästhetische Handwerk hatte gelten lassen, diesem allerdings zur *Pflicht* machte – diese Grenzen erschienen Goethe nun als Glücksfall entwicklungsfähiger *Neigung*. Im Eigensinn ihrer Morphologie gab die Natur dem Subjekt gewissermaßen einen Bildungsauftrag weiter, drückte ihm den Schlüssel zu seiner eigenen Bildung in die Hand.

4

Diesen Schlüssel hat Goethe nie mehr hergegeben und nach zwei Seiten verteidigt: gegen die grenzenlose Subjektivität, die für ihn leer, buchstäblich gegenstandslos geworden war. Aber nicht weniger, und im Lauf eines langen Lebens immer entschiedener, gegen die Entzauberung, die Entleibung der Gegenstände durch wissenschaftliche Abstraktion, gegen die Reduktion einer natürlichen Sprachenvielfalt auf den Zahlencode der Mathematik. Um des scheinbaren Vorteils allgemeiner Berechenbarkeit willen hatte die Wissenschaft in Goethes Augen die Grenze, welche die Natur selbst der Erfahrung gesetzt hatte, nicht weniger treulos überschritten als zuvor die subjektive Spekulation. An den Griechen lobte er, daß sie als erste die Phänomene unvoreingenommen und mit frischem Blick anzuschauen wagten. Aber er tadelte an ihnen, daß sie die kostbaren empirischen Funde voreilig einer großen Theorie unterwarfen. Die Natur, die in seinen Augen selbst keine Sprünge macht, erlaubte solche Sprünge auch ihrem Betrachter nicht. Wo es ohne »Theorie« nicht ging, durfte sie sich von ihrer Wurzel in der Anschauung niemals weit entfernen. Die Ordnung, in der die Phänomene gesehen werden wollten, gaben diese selber an: durch die natürliche Grenze unserer Sinneswahrnehmung. Dieser Rahmen war uns bestimmt für unser Verhältnis zur Natur, und er hatte unsere Begegnung mit ihr zu bestimmen. Wozu diese Einschränkung? Weil sie die Skala der Wahrnehmung zwar seitlich begrenzt, aber nach oben offenläßt; damit wird das *polar* bestimmte Phänomen *steigerungsfähig*. Das heißt: es wendet uns seine entwicklungsfähige Seite zu. Wir geben ihm Gelegenheit, seine eigene Unerschöpflichkeit vorzuführen – und zu erfahren, daß auch wir selbst zu den Gestalten gehören, welche es der Natur anzunehmen beliebte. Diese aber bilden sich auf keiner eindimensionalen Skala. Sie bedürfen einer höheren Dimension: der Steigerung im Leben und zum Geist ihres Betrachters.

Laß uns sehen, wie sich dieser gegenständlich gewordene Geist in Goethes Dichtung verhält, wenn er einen bekannten Stoff neu behandelt: das »Stella«-Thema, den Lebenstraum einer möglichen Verbindung der Gefühls-Utopie mit der sozialen. Ich meine die »Wahlverwandtschaften«, Goethes erste große literarische Arbeit nach Schillers Tod. Sie gibt sich schon im Titel als chemischen Versuch zu erkennen. Im Zentrum stehen wieder vier Personen; diesmal sind es zwei Paare. Wären sie so verständig wie einst Cäcilie, auch sie könnten ihr Beziehungsproblem aufs eleganteste lösen. Sie brauchten sich, damit die Chemie wieder stimmt, nur übers Kreuz neu zu verbinden. In ihrer gutsherrlichen Sphäre wäre dieses Arrangement nichts Unerhörtes, und an einem bestimmten Punkt der Verwicklung finden sich auch drei der Beteiligten dazu bereit. Sie haben nicht mit der Spielverderberin gerechnet. Die junge Ottilie verweigert den wahlverwandtschaftlichen Ausweg, und zwar kategorisch. Damit zerstört sie ihre kleine Gesellschaft und sich selbst. Warum eigentlich? Da gibt es ein Corpus delicti, das tote Kind. In einem Augenblick, da Ottilie sich selbst nicht mehr bewacht, fällt es aus dem Kahn und ertrinkt. Dafür akzeptiert sie keine Vergebung, noch weniger die Belohnung durch ein *Happy End*. Für den sentimentalen Geschmack des 19. Jahrhunderts hat das Motiv zur Begründung einer Tragödie ausgereicht. Goethe hat in andern Werken, aber auch in seinem familiären Haushalt bewiesen: bei so viel Kindersterblichkeit muß ein solches Unglück zu verschmerzen sein. Ottilie begründet ihre Haltung denn auch anders:»Ich bin aus meiner Bahn geschritten.« Das ist die Beschreibung eines astronomischen Sachverhalts. Also eines höheren Gesetzes? Aber Goethe kennt den»bestirnten Himmel über mir« nicht, wie Kant, als Stütze eines»moralischen Gesetzes in mir«. Im Gegenteil: in den»Wanderjahren« bedeckt sich Wilhelm Meister als erstes die Augen, als ihm der klare Sternenhimmel vorgeführt wird. Das ist ein demonstrativer Akt, kein natürlicher Reflex wie bei Faust, der seinen Blick von der Sonne abwenden muß, um dann gleich Goethes Trost zu finden:»Am farbigen Abglanz haben wir das Leben.« Für Wilhelm Meister sind die Sterne schon per se eine Art Blendwerk, und er will sich auch durch das angebotene Fernrohr nicht lange über ihre Entfernung täuschen lassen. Diese hat für ihn nichts Erhabenes mehr, sie ist nur noch»ungeheuer« – also kann auch die Wissenschaft von diesen Gegenständen nur problematisch sein. Sie sind Himmelsmechanik, sie gehorchen und genügen den Principia mathematica Newtons – augenscheinlich. Aber dieser Augenschein soll nicht gelten, wenn er nur die völlige Beziehungslosigkeit dieser Objekte zum betrachtenden Subjekt erweist. Für solche Grade der Abstraktion sind die Sinne nicht geschaffen, und so entspricht der räumlichen Entfernung eine geradezu moralisch gebotene. Die Astronomie handelt vom Unverhältnismäßigen; dieses aber kann, in Goethes Sinn, kein Gegenstand der Wissenschaft werden, es ist»unzulänglich«, jenseits aller »zarten Empirie«. »Die Hoffnung fuhr, wie ein Stern, der vom Himmel fällt, über ihre Häupter weg«, heißt es bei der letzten Umarmung Ottiliens und Eduards. Die Verbindung der Sterne mit irdischen Wünschen kann nur ominös sein.

Und doch wird sie hergestellt; denn wer, wie Ottilie »aus der Bahn schreiten« kann, verhält sich einem Gestirn *vergleichbar*. Und siehe da: Goethe weiß in der irdischen Natur ein analoges Element zur obersten »Unzulänglichkeit« der Sterne zu finden und seiner Ottilie zu widmen. Denn sie vermag unter der Oberfläche der Erde erz- und kohleführende Schichten zu erkennen. Ihr Sensorium ist also auch dem Leben der Steine verwandt – ja, für Goethe fing das Leben schon in der mineralogischen Sphäre an. Nur bildet es sich hier nach einem Gesetz der Polarisation aus, das wohl die Verfestigung kennt, die Tendenz zum Eckigen, Geraden, und sich darin bis zur durchsichtigen Kristall-Geometrie läutern kann. Für jede weitere Steigerung aber muß es wieder abgebaut, verflüssigt werden und die ihm eigene Bildung verlieren.

Damit hat Goethe seinen poetischen Zweck mit Hilfe eines naturwissenschaftlich begründeten Symbolismus erreicht. Er hat zwischen Firmament und Fundament, zwischen dem Obersten und dem Untersten seiner Welt die für den Roman benötigte Analogie hergestellt. Er kann seine geliebte Figur, die Stern- und Steinverwandte, naturgesetzlich agieren und die Spielanlage der Wahlverwandtschaften durchkreuzen lassen. Während Charlotte – und, in seinen Grenzen, der Hauptmann – flexibel und einer »organischen« Metamorphose fähig wären, reagiert Ottilie zugleich eckig wie ein Kristall und extraterrestrisch wie ein Planet, der ohne vorgezeichnete Bahn verloren ist. Im Kontext organisierter Wesen erscheint Ottilie als Analphabetin, Trotzkopf, Heilige oder Teufelin; jedenfalls als Störung, denn sie bleibt, was sie ist. Das hat sie mit Jahwe gemeinsam – und mit einer Idiotin. Dabei erlaubt die naturwissenschaftliche Analogie gerade dieser Unzweideutigen eine atemberaubende Ambivalenz. Denn sie repräsentiert zugleich die unterste und die oberste Grenze der lebendigen Welt – über die hinaus jeder Schritt für das Lebendige verhängnisvoll ist. Eine Steigerung muß in den Tod führen – in die Dekomposition.

Halte mich nicht für frivol, wenn ich sage, daß ihr geliebter Eduard, das grenzenlose Subjekt, die Werther-Natur, für nichts anderes geschaffen war. Er ist gewissermaßen reine Flüssigkeit,

Der Klassiker als Grenzphänomen

187

an der nur in der Verbindung mit dem elastischen Fleisch der Gesellschaft etwas Haltbares bleibt. Am Ende fällt er wieder in seinen ursprünglichen Aggregatzustand zurück. So ist er gerade der Rechte, sich mit der dekomponierten Ottilie zu vereinigen. Darum ist der letzte Satz der Wahlverwandtschaften – »und welch ein freundlicher Augenblick wird es sein, wenn sie dereinst wieder zusammen erwachen« – keine sentimentale Floskel, sondern eine morphologisch exakte Aussicht. Mit diesem Liebestod kann eine neue Entelechie beginnen – wie für den aus Harnsäure kristallisierten Homunculus im Ägäischen Meer, nachdem er seine Phiole am Muschelwagen der Galathee zerbrochen hat.

5

Nach den »Wahlverwandtschaften« ist es wohl begreiflich, warum Goethe auf dem Eigensinn, also der Sonderung jeder einzelnen Stufe des Lebens bestand – von der elementaren bis zur siderischen. Du siehst aber auch, warum es mißlich ist, sie nach einer Hierarchie zu ordnen, obwohl man für das Gesetz der »Steigerung« nicht gut ohne eine Vorstellung von »tiefer« und »höher« auskommt. Doch Goethe hat seine Proben auf naturwissenschaftliche Kategorien nie machen können, ohne das Oberste zuunterst zu kehren – wie bei Ottilie, so bei Homunculus. Sie lassen vernünftige Mittelwege des Lebens dürftig aussehen – Goethe hat sich entsprechend geäußert (und natürlich auch entgegengesetzt).
Dabei war ihm die Reihe, das »Stufenglück«, die Gradation der Phänomene doch geradezu ein Lebenstraum. Seine Freude an der Entdeckung des Zwischenkieferknochens beruhte darauf, daß er eine Lücke in der Kette des Lebendigen hatte schließen können. Er war gar kein Freund dessen, was man heute »Kontingenz« nennt, und dachte sich alles Lebendige am liebsten als Kontinuum – wie eine Reihe von Orgelpfeifen, von denen jede mit ihrem eigenen, unverwechselbaren Ton am Konzert des Ganzen beteiligt ist. Oder wäre ihm an diesem Bild schon wieder zu viel Mathematik gewesen? Wie hat er seinen Freund Zelter gebeutelt, als der aus der geometrischen Richtigkeit von Tonintervallen auf die »Natürlichkeit« von Tönen schließen wollte! Das Ohr repräsentierte eine höhere Kultur der Natur

Adolf Muschg

188

– zwischen ihm und dem Klang nahm Goethe eine Urverwandt-
schaft an wie zwischen dem Licht und dem Auge, und in der
Entwicklung alles Lebendigen eine Kontinuität – die freilich
auch mit dem Urphänomen des Todes zurechtkommen, mit
ihm also nicht abreißen durfte. Der ungeheure Satz: »den Tod
statuiere ich nicht« muß bedeuten: so sicher er für das Individuum ist, so wenig fest darf er stehen, so wenig soll sich der
Geist vom Tod »bepfählen« lassen. Auch der Tod muß sich
bei Goethe bewegen und sogar das Beiwort »relativ« gefallen
lassen, das es zu »tot« ja ebensowenig geben dürfte wie einen
Komparativ (daran rüttelt unsere Zivilisation gerade – ein
Hirntoter darf nicht toter werden, wenn seine Organe noch
nutzbringend verwendet werden sollen).

Aber schon das Goethe zugeschriebene, von ihm jedenfalls in-
spirierte Fragment »Die Natur« (1783) nennt den Tod einen
»Kunstgriff der Natur, viel Leben zu haben«.

An dieser Ansicht scheint mir Goethe bis ins Alter festzuhalten.
Die Natur durfte bei ihm zeitlebens keinen Sprung tun, also
durfte auch der Tod dieser Sprung nicht sein. Er mußte – »stirb
und werde!« – als Wendepunkt für eine nächste Metamorphose
des Lebendigen zu verstehen sein. Goethes naturwissenschaftliche Heilsgeschichte bedurfte eines unzerstörbaren Prinzips,
und er fand es im Prinzip Metamorphose. Das Leben wird in jeder seiner Stufen polarisierenden Kräften ausgesetzt, die es zur
Steigerung verwenden und sich auf diese Weise spiralförmig
immer höher schrauben kann – oder auch (da uns ein Rich-
tungsanzeiger hier nicht kümmern soll) immer tiefer zu win-
den.

So ließe sich das Lebendige einer unvorstellbar vielfältigen Wir-
belbewegung vergleichen, deren Ensemble wieder zur Kugelform tendiert. So jedenfalls, als atmende Sphäre, hat Goethe
Eckermann die Erde beschrieben und die heutige Gaia-Theorie
von Lynn Margulis vorweggenommen. Die Kugelform des
Lebendigen wäre gewissermaßen die Summe des kommunizierenden Inkalkulablen, das ihren Körper ausmacht; ein mehrdi-
mensional vibrierendes oder pulsierendes Netzwerk aus Beziehungen, die sich vergegenständlichen und wieder entkörpern.
Das Konstruktionsprinzip dieses Kosmos könnte nicht, wie
dasjenige eines Raumschiffs, mathematisch-physikalisch, es
müßte organisch sein. Was (unter anderm) bedeutet, daß jeder

daran mitwirkende Teil nicht nur *beinahe* so komplex – um unsere Redensart zu brauchen – sein muß wie das Ganze, sondern gar nicht weniger komplex sein *kann*. Diesem Gesamtkunstwerk ist mit Systemtheorie nicht beizukommen. Goethe würde schon der Eckigkeit ihrer Schemata ansehen, daß sie nicht verstanden hat, wovon sie handelt. In seinem universalen Organ, der »Großen Monas«, muß Platz sein für Bewegungen, die kein Vorstellungsvermögen in einem dimensionalen Modell unterbringen kann. Denn nicht nur hat jede Sphäre des Lebens, von der gröbsten bis zur geistigsten, ihre eigene Morphologie; es gibt auch Phänomene, wie die Farbe, die sich quer durch alle diese Schichten hinauf- und hinunterkonjugieren lassen. Sie bilden sich in jedem Medium anders, im physikalischen, chemischen, physiologischen, aber auch im historischen, im Auge früherer Betrachter – bis zum Verfasser der »Farbenlehre« selbst, der ihre bildende Wirkung empfangen hat und weiterbezeugt.

Dabei begegnet uns das Paradox, daß – wäre die Idee von Goethes Morphologie als Pyramide darstellbar – ihre Spitze mit der Basis zusammenfallen müßte. Denn ihr sinntragendes Prinzip – nennen wir es: das Unteilbare – konstituiert gleichermaßen die elementarste wie die subtilste Organisation. Das Griechische hat sich – »Atomon« – für die erste Lesart entschieden, das Lateinische für die zweite: Individuum. Am konzentriertesten tritt Goethes springender Punkt in einer Maxime aus den »Wanderjahren« entgegen: »Was ist das Allgemeine? Der einzelne Fall.« Und dann: »Was ist das Besondere? Millionen Fälle.« Das scheint mir zu sagen: jedes Stück Natur verdient durchaus nicht, nur als Teil eines Ganzen betrachtet zu werden. Es ist gewissermaßen *mehr* als das Ganze. Der Eigensinn ist der Normalfall.

Wenn wir aber nicht verallgemeinern können – wie soll eine Art Gesetzmäßigkeit daran gefunden werden? Durch »vermannigfaltigte« Eindrücke, durch den geduldigen und behutsamen Versuch, das Augenscheinliche zu vergleichen, immer mit Rücksicht auf das Einmalige – nicht nur der Form, sondern auch des Ortes, der Stunde, der Gelegenheit, ja sogar der Stimmung des Betrachters. Wenn er nach der Familie sucht, der sein Gegenstand angehören mag, muß ihm das Inkalkulable daran gegenwärtig und teuer sein. Es zeigt die Richtung an, in welcher

Adolf Muschg

sich Objekt und Subjekt gemeinschaftlich entwickeln können. Denn die rechte Wahrnehmung des Gegenstandes wirkt wiederum auf die Bildung des Wahrnehmenden zurück.

Dieses Verfahren ist fast in jeder Hinsicht so verschieden von dem, was wir inzwischen »wissenschaftlich« nennen, daß wir nicht einmal sagen dürfen: es sei das Gegenteil davon; sonst ließe sich vielleicht das Rezept Hersiliens darauf anwenden. Es ist *etwas anderes*; und wie es die Verallgemeinerung scheut, so ist es auch selbst nicht verallgemeinerbar. Es ist an eine Individualität gebunden. Und doch hat ein Mann wie Heisenberg, der es wissen mußte, diese Betrachtung von der Wissenschaftlichkeit nicht ausgeschlossen – sie würde nur andere Wissenschaftler benötigen: *Wenn man z. B. ein sehr spezielles Gebiet ins Auge faßt und fragt, warum die Newtonsche Optik den Sieg über die Goethesche Farbenlehre davongetragen hat, so wird man neben manchen andern Gründen feststellen können, daß zwar sehr viele Menschen erfolgreich an der Weiterbildung und der Nutzanwendung der Newtonschen Optik arbeiten konnten, daß aber zur Weiterbildung der Goetheschen Farbenlehre eine sehr hohe künstlerische und wissenschaftliche Begabung nötig gewesen wäre.*

6

Ich glaube nicht, daß hier ein großer Wissenschaftler galant sein wollte. Ich kann mir, wenn ich Goethe recht verstehe, vorstellen, was mit Individualisierung der Wissenschaft gemeint ist: die Bereitschaft und Fähigkeit, nicht mehr in sogenannten Disziplinen zu denken – die man hinterher »interdisziplinär« zu verbinden sucht – sondern in *Grenzen*, die das Verbindende verschiedener Betrachtungsweisen schon mitbringen, weil sie dadurch konstituiert sind.

Was heißt das? Es heißt, daß wir nicht nur von der Vielfalt der Gegenstände auszugehen haben, sondern auch eine Vielfalt wissenschaftlicher Sprachen praktizieren sollen, in denen wir uns ihnen nähern. Die mathematische, messende, quantifizierende, von Ort und Zeit abgelöste Sprache ist da, wo sie hingehört, nicht geringzuschätzen. Doch hat gerade die Physik unseres Jahrhunderts festgestellt, daß diese Sprache nicht für alle Gegenstände paßt. Sie kennt solche, die sich einmal wie Körper,

Der Klassiker als Grenzphänomen

einmal wie Wellen verhalten, und im Nanobereich *verändern* sie sich durch die Beobachtung – die also nicht mehr zwischen Sachverhalten unterscheiden kann, die sie feststellt, und solchen, die sie produziert. Darauf ist sie keineswegs gekommen, weil es ihr an der Wiege gesungen war – im Gegenteil. Es sind die als »objektiv« geltenden Prämissen ihrer Meßkunst, die sie an die Grenze der Meßbarkeit geführt haben.

Etwas Vergleichbares passiert dem System-Designer, der ein Stück Realität – sei es ein Industrieunternehmen oder den Stoffwechsel einer Ratte – am Computer nachmodelliert. Die Sprache, die er zur Verfügung hat, kann ihm nur Fragen beantworten, zu welchen die Antwort in ihrer Struktur bereits vorfabriziert ist. Sie versteht das, womit sie es zu tun hat, als »komplexes System« – da kann man nur hoffen, daß die Parameter, mit denen sie es aufzulösen hofft, etwas mit der Realität zu tun haben. Wenn nicht: um so schlimmer für die Tatsachen, die sich gefälligst ihrer Repräsentation fügen sollen! Da trifft es sich ja gut, wenn wir in der Topographie unserer Kultur immer mehr nur noch Tatsachen begegnen, die sie selbst geschaffen hat ...

So hat sich unser Biotop immer mehr zum Artefakt umfunktioniert, und das Kommunikationswesen der sogenannten Wissensgesellschaft begünstigt die Tautologie: die Eigenschaft des Mediums bestimmen darüber, was kommunikabel, beziehungsweise: was wissenswert ist. Anders herum: was der Informationsträger nicht bearbeitet, ist keine Information. Das System weiß immer mehr über sich selbst und erfährt immer weniger über Realitäten, die ihm inkommensurabel sind. Aber es arbeitet immer energischer daran, sie ganz auszuschließen. Das Gegenstück zur atmenden Erde des alten Goethe wäre eine globale Kommunikationssphäre, in der die Reaktion der Realität auf die Einheitssprache ihrer Verfügbarkeit gleich Null geworden ist.

7

Goethe hat die Sprache der mathematischen Logik durchaus zu würdigen gewußt. Er hat nur ihre Verallgemeinerung – wie jede andere – als dogmatische Verirrung betrachtet. Daß er ihr keine bildende Kraft zutraute, hing mit seiner morphologischen

Grundüberzeugung zusammen. Keineswegs war es ein Ausdruck von Hochmut, ganz im Gegenteil: den fand er bei den Mathematikern und ihrer Geringschätzung des Inkalkulablen, während es für ihn eine nächsthöhere Stufe der Organisation anzeigte. In einem Brief an den Astronomen von Lindenau schrieb er das mathematische Denken einer bestimmten »Denkart« zu und gab respektvoll zu verstehen, daß er eine andere vertrete. Dieser Wissenschaftspluralismus schien ihm nicht nur erlaubt, sondern geboten und natürlich. Den Anteil des Subjektiven, des Temperaments, Charakters, der Nationalität am Prozeß der wissenschaftlichen Objektbildung zu unterschlagen konnte ihm nicht einfallen, da er das Subjekt als unentbehrliches Organ für die Organisation von Wissen betrachtete. Diese formte sich im *Gegenüber*, und ihr Beziehungsreichtum hing natürlich von der Beziehungsfähigkeit des Forschenden ab. Den kartesianischen Rücktritt des wissenschaftlichen Subjekts – der Res cogitans – aus dieser Beziehung, und die Annahme, daß die Res extensa damit zu einem autonomen Gebiet gesetzmäßiger Empirie würde, hielt er für einen Akt unnötiger und unmöglicher Askese, in seinem Sinn: für einen Denkfehler. Wir konnten in der Natur nur sehen, was uns glich – was uns jedenfalls hinreichend ähnlich war, um Gegenstand unserer Wahrnehmung zu werden. Daran konnte kein Instrument, dessen wir uns zu ihrer Verbesserung bedienen mochten, Wesentliches ändern. Es verrückte nur die Maßstäblichkeit der Phänomene und war darum nicht wünschenswert.

Aber wenn wir die Freiheit nicht besaßen, unsere Objekte von uns zu lösen, besaßen wir sehr wohl die Freiheit, die Umgangsform mit ihnen recht zu wählen. Und hier begann für Goethe erst die wissenschaftliche Disziplin. Sie hatte die Grenzen des Gegenstands ernst zu nehmen, denn in diesen Grenzen besaß er die ihm eigene Würde. Darum waren sie für die rechte Wissenschaft unverletzlich. Diese aber war auch zur Arbeit an ihrer eigenen Grenze verpflichtet. Die Neugier für den Gegenstand hatte sich, im Grundsatz, zur Interesselosigkeit zu bilden, um »die Rechte der Natur« zu sichern – »ganz andere Geister, scharfsinnige, lebenslustige, technisch geübte und gewandte werden das zum Leben Notwendige schon herausziehen«. Hörst Du, wie das, was unsere ökonomisch konstruierte »Wis-

Der Klassiker als Grenzphänomen

sensgesellschaft« längst als ihre »Kernaktivität« betrachtet, hier als durchaus sekundärer Wissenschaftsgewinn, sozusagen als praktischer Abfall behandelt wird, an dem sich ganz andere, eher kindliche Geister zu schaffen machen mögen – solche, die noch nicht einmal zwischen Mitteln und Zielen der Wissenschaft unterscheiden können? Es wäre heute wahrlich ein starkes Stück, die Frage: was die Wissenschaft soll, wozu sie gut ist, wie sich ihre Früchte verwerten lassen, für untergeordnet und ein bißchen unanständig zu halten. Aber was würde die moderne Wissenschaft erst dazu sagen, daß ihr Goethe auch die Frage nach dem Warum, dem Woher und Wohin, die Frage nach Kausalität und Finalität als Verirrung ausreden möchte? In Goethes Augen zwirnen solche Fragen reduktionistisch zusammen, was als Netzwerk, als im sausenden Webstuhl der Zeit immerzu fortgewirktes Gewebe betrachtet sein will. Die einzige Frage, die er in Gottes lebendiger Kleiderwerkstatt zuläßt, lautet: Wie –?

Im Staunen vor dem Spiel der Formen steckt das legitimste und auch intimste Interesse der Wissenschaft. Denn hier will sie im Grund auch wissen, wie sie selbst in diesem Text mitgewirkt ist; wie der Forscher durch seine Wahrnehmung daran mitwirkt. Nichts ist bezeichnender für den seltsamen Fortschritt unserer Zivilisation, als daß wir die Frage Wie? nur noch in der englischen Form des *Know-how*, des Gewußt-wie, kennen. Wenn's hoch kommt, lassen wir sie noch für ästhetische Produkte gelten (aber auch hier ist der Markt für forsche Abhilfe besorgt). In der Kunst haben wir dem Zweckfreien gewissermaßen einen knappen Schutzraum reserviert.

Für Goethe steckte in diesem Wie die Frage nach dem umfassenden Schöpferischen, und sie war die einzige, die dem Zusammenhang der Natur mit uns *diskret* genug gerecht werden konnte. Diese Art zu fragen legte auch der *Comment* nahe, der dem Verkehr mit einer solchen Größe entspricht. Etwas zugespitzt: Wissenschaft war für Goethe gewissermaßen die *reine* Kunst. Was wir aber Kunst nennen, war eher ein Versuch, Wissenschaft anzuwenden, die Triftigkeit ihrer Sätze zu prüfen und – nicht notfalls, sondern normalerweise – zu falsifizieren. Denn die Wissenschaft sagt immer mehr, als die Kunst erlaubt; die Kunst aber entdeckt weitere Zusammenhänge, als die Wissenschaft für möglich hält.

Adolf Muschg

8

Was ihm nicht in den Sinn gekommen wäre: die Naturwissenschaft (oder auch die Kunst) für ein reines Konstrukt der an ihr beteiligten Subjekte zu halten. Zugunsten der Konstruktivisten ist er nicht modernisierbar. Gewiß:»du gleichst dem Geist, den du begreifst« – aber die Fortsetzung der erdgeistigen Warnung lautet:»nicht mir!« Es muß also eine Art geben, die Natur zu begreifen, die ihr recht ist. Vielleicht muß das Be-greifen nur weniger gierig oder zutäppisch werden. Daß die Natur lediglich als Phänomen unseres Bewußtseins existiere, also etwas wie ein kulturelles Spielmaterial sei: das war ferne von ihm. Ihre Macht – aber auch der Abstand zu ihr – ist viel zu real, um sich zur kognitiven Differenz verharmlosen zu lassen. Auf das Glück, daß sie zum Gegenstand der Wissenschaft werden kann, haben die Götter den Preis gesetzt, daß sie unserem Erkenntnisbedürfnis Widerstand leistet – *gerechten* Widerstand. Er will in Ehrfurcht überwunden werden; insoweit ist die »zarte Empirie« eine Frage unseres Bewußtseins – aber seiner Zulänglichkeit, nicht seiner konstruktiven Omnipotenz. Wer den Gegenstand Natur zum »Gespenst« machen will, den straft sie ihrerseits mit Körperlosigkeit und Irrelevanz.

9

Es ist nicht zu leugnen: Goethe würde die meisten Methoden, mit denen sich die moderne Naturwissenschaft ihren Gegenständen nähert, als reine Folter betrachten. Sie zeigt ihnen die Instrumente nicht nur: sie reduziert sie so weit, daß nur noch das Meßbare von ihnen übrigbleibt. Was hat Newton dem Licht antun müssen, bis es ihm sein Spektrum hergab! Als er es mit der bekannten List und Tücke so klein gekriegt hatte, daß es sich messen ließ und seinem Peiniger zu gleichen anfing, rächte es sich damit, daß es seinem Produkt jede bildende Eigenschaft entzog. Newton hat in Goethes Augen, um seine Farbe zu isolieren, das Licht entleiben und von allen Eigenschaften abstrahieren müssen, mit denen es uns gleichsam in Lebensgröße einleuchtet. Am Ende sehen wir das »Gespenst« – Goethes Übersetzung für Spektrum –, also eine Erscheinung, die kein Phänomen mehr ist und die auf ihre Beschwörung –

Der Klassiker als Grenzphänomen

durch einen physikalischen Apparat – antworten mußte: »Ich bin der Geist, den du begreifst, denn er ist dem deinen gleich.« Daß sich mit diesem Geist allerhand anstellen und ausrichten lasse, hat Goethe nicht bezweifelt. Er hat es bereits an seinen Zeitgenossen beobachtet, in diesem Fall zornig und gekränkt. Er fand sich in seiner ganz andern »Farbenlehre« derart mißverstanden und – in *seiner* Natur – so kraß mißdeutet, daß er das Buch zu seinem eigentlichen Hauptwerk erklärte. Das nachsichtige Lächeln, mit dem das 19. Jahrhundert diese offensichtliche Trotzleistung seines im übrigen hochverehrten Dichters begleitete, könnte uns am Ende des 20. Jahrhunderts vergangen sein. Wir mögen schwer genug verstehen, wovon die »Farbenlehre« redet. Aber wir brauchen durch kein Spektrum, nur zum Fenster hinaus zu blicken, um zu wissen, wovon sie handelt.

10

»Die Grenzen des Wachstums« sehen unter heutigen Umständen nur noch wie ein frommer Wunsch aus. Er könnte ehrlicher werden, wenn man das Leben, wie Goethe, nicht nur an Grenzen gebunden, sondern geradezu *als* Grenzphänomen verstehen könnte; wodurch das Wachstum natürlicherweise eine andere Richtung nehmen müßte als die lineare und, nach seiner gewissenhaften Beobachtung, auch wirklich nimmt. Was »Grenze« besagen will, hat Goethe einmal mit der schlichtesten aller Skizzen illustriert. Zieh eine Linie aufs Blatt – wenn das Papier sie nicht begrenzte, könnte sie ins Unendliche immer so weiterlaufen, wie eine Zahlenreihe. Teile die Linie einmal, so polarisierst du sie zwar nach entgegengesetzten Richtungen, nimmst aber der Unendlichkeit, indem du sie jeweils einseitig machst, nichts weg. Aus Eins mach Zwei: damit tritt das Entweder/Oder, und damit die Wahlpflicht, in die Welt, freilich nicht, ohne die Welt überhaupt erst zu begründen: nämlich als von Gott abgetrennte. Dieser Riß macht jeden Schöpfungsakt einerseits zum Sündenfall, andrerseits zur Grundlage des Erkenntnisvermögens. Nur was geschieden ist wie Gott und Mensch, Mann und Frau, Ich und Du, Subjekt und Objekt, kann sich gegenseitig erkennen und zum Problem werden. Aber erst wenn die Erkenntnis Liebe geworden ist (»Adam erkannte sein Weib«) wird sie fruchtbar, entsteht *Leben* als ein *Drittes*. Und um es nicht aus-, sondern einzuschließen, bedarf es auf unserer gezeichneten Linie einer *zweiten* Markierung. Damit wird sie zur Strecke (im Raum) oder zur Frist (in der Zeit). Eine plastische Illustration dieser einfachen Schöpfungsgeometrie liefert Goethe in seinem »Römischen Carneval«. Damit sich das Fest entwickeln kann, muß die Straße zuerst an zwei Seiten gesperrt, zum *Corso* werden; ist das Volk zusammengedrängt, darf man ihm jede Verwandlung zutrauen. Dazu gehört auch das *Spiel* mit der Polarität. Frauen erscheinen als Männer verkleidet und umgekehrt, was den Geschlechtsunterschied natürlich nicht aufhebt, sondern das Repertoire der Geschlechter *steigert*. Wer jemanden *leben* lassen will, schreit *ammazatelo!* Auch der Gegensatz zwischen dem ständischen Oben und Unten wird beweglich, ohne daß die Ordnung ganz außer Kraft träte. Ihre Hüter sind unentbehrlich, um die Strecke für das Rennen der wilden Pferde freizumachen. Du siehst, was die Begrenzung bewirkt, und natürlich müssen wir, um ihre volle Wirksamkeit in der Natur oder auch in der Gesellschaft zu erleben, die eindimensionale Linie verlassen. Das ist auch eben, was Goethe in der Naturwissenschaft für das Nötigste hielt. Ihr Thema war für ihn das Wunderwerk einer sich entfaltenden, in ihrer Entfaltung sich immerfort verwandelnden Grenzhaftigkeit.

Fest steht für Goethe in der Natur nur eins: grenzenlos kann sie nicht sein, und wenn sie so wirkt (und das tut sie allerdings), dann nur kraft ihrer unerschöpflichen Kunst, mit Grenzen umzugehen und sich aus ihnen viel zu machen – natürlich auch das Entgegengesetzte. Damit gibt sie aber dem Beobachter auch vor, wie das klassische Gebot: Erkenne dich selbst! recht zu verstehen ist. So nämlich, daß ich mich selbst als Teil der Natur begreife und von den Grenzen, die sie mir gegeben hat, den denkbar reichsten Gebrauch mache. Sie sind das lebendige Talent, das sie mir zu der mir möglichen Steigerung verliehen hat. Und zugleich bieten meine Grenzen Gewähr, daß ich mit der Natur in einem Verhältnis der Kommunikation und Verwandtschaft bleibe, im Glücksfall: in Liebe. Diese Grenze enthält gewissermaßen den genetischen Code unseres Verhältnisses. Es ist die Sprache der Schöpfung, des immer möglichen *eingeschlos-*

senen Dritten. Grenzen sind not, um Grenzen zu überschreiten und als Stoff zur Formung eines eigenen, des nächsten, wieder neu begrenzten Lebens zu verwenden.

11

Ist das kein »Lebenstraum«? Natürlich haben Goethes gelehrte Zeitgenossen seine Naturwissenschaft genau so betrachtet: wenn der Dichter schläft, träumt er, er sei Naturwissenschaftler; davon braucht man kein Aufhebens zu machen. Er bleibt, wenn er poetisch wieder bei Verstand ist, noch groß genug.

Nun hätte sich die Naturwissenschaft, als sie in die Moderne aufbrach, doch ganz gern dies und das von Goethes »zarter Empirie« ausgeborgt – nicht nur wegen der auch hier unübersehbaren literarischen Qualitäten, sondern weil sie so manches ja doch bedenkenswert fand. Schließlich müssen bei einem großen Mann auch die Irrtümer groß sein! Vom Zwischenkieferknochen bis zu den »subjektiven«, das heißt: physiologischen Farben war man sogar so gnädig, ihm zu bescheinigen, er sei sich »des rechten Weges wohl bewußt« gewesen. Und daß der rechte Weg auf die Kritiker selbst zulief, bedurfte keiner Ausführung. Nach Goethes eigenem Kriterium – »was fruchtbar ist, allein ist wahr« – hatten sie es herrlich weit gebracht, ja, »bis an die Sterne weit«, jedenfalls: bis zu den Planeten, von denen uns Apparate, die er nicht kannte und wohl auch nicht hätte kennen wollen, bestechende Bilder liefern. Vielleicht hätte der Befürworter anatomischer Modelle – statt präparierter Leichen – der Computer-Tomographie oder am Bildschirm ausgeführten Operationen seinen Respekt nicht versagt, auch wenn er im Laserstrahl die Verlängerung des Newtonschen Spektrums hätte erkennen müssen. Die Vereinfachung und Beschleunigung der Kommunikation hätte er vielleicht mit der Frage beantwortet: ob man sich denn so viel zu sagen habe und warum es in phantastischer Geschwindigkeit gesagt werden müsse? Daß uns alles, was er über Raum und Zeit unbequem genug erfahren mußte, auf Knopfdruck zur Verfügung steht, könnte ihm die Frage eingeben: was wir uns denn daraus noch *machen* könnten – und das hieß für ihn zugleich: aus uns *Adolf Muschg* selbst?

Dafür, daß die meisten der Grenzen seiner Zeit nicht mehr gelten, würde er uns beglückwünschen – jetzt müssen wir ihm nur wirksamer bildende zeigen. Die virtuellen Welten, die uns beschäftigen, würde er mit gewiß nicht geringerem Interesse betrachten als die magischen Kabinette und Kirchweihspektakel seiner Zeit. »Ich wünsche mir dergleichen Künste viel« – sein Faust hat schon am Kaiserhof den Beweis geliefert, daß man der Natur alle möglichen *special effects* abgewinnen kann, ohne ihre tieferen Kräfte zu beanspruchen »Machst du's doch selbst, das Flammengaukelspiel«! – fehlte nur, daß ihre Erzeuger auch noch selbst darauf hereinfallen. Da wir, nach unseren Begriffen erfolgreich, die Newtonsche Geisterbeschwörung zur wissenschaftlichen Methode erhoben und den »Leitfaden des Leibes« (Nietzsche) dabei verlassen haben, würde Goethe die Tatsache schwerlich wundern, daß das reduzierte Objekt am untern Ende unserer Skala nur noch erscheint, um Newtons Physik quantenmechanisch zu spotten. Vielleicht steht uns ja im astrophysikalischen Megabereich eine vergleichbare Entdeckung bevor.

Schaudern würde ihn, glaube ich, vor der Vorstellung eines »Urknalls«. Sie würde ihn an die Kosmogonien der Ungeduld erinnern, wie diejenige der »Vulkanisten« – oder der Jakobiner seiner Zeit. Oder würde ihn der Effekt eher erheitern – als Explosion einer Vernunft, die, wenn sie auf der Schiene der Kausalität weit genug rückwärts gefahren ist, mit ihrem eigenen Unfug zusammenprallt, weil sie sich das Phänomen des Ursprungs nur als *zeitlichen* Anfang zu denken vermag? Daneben müßte er wohl die biblischen Kreationisten wieder für rationale Leute halten.

Aber eben: weil er Grenzen nicht, wie die eindimensionale Wissenschaft, als Einladung zur Grenzüberschreitung betrachtete, brauchen wir nicht dabei zu verweilen, wie gut oder schlecht Goethe in *unsern* Grenzen aussehen mag. Er hat die seinen zu einem kommunizierenden Universum entwickelt, von dem man sich nicht gut einzelne Stücke herausbrechen kann, um sie zu approbieren oder zu verwerfen. Ebensowenig, glaube ich, kann man sie aber auch, wie die Anthroposophie, als Ganzes übernehmen und sich eine sakrale Architektur daraus herrichten. So geht – das meine ich nicht frivol – der *Witz* dabei verloren. Denn der ist im Umgang mit Grenzen nicht minder nötig als die Ehrfurcht, sonst werden sie hermetisch. Apropos »hermetisch« – auch ein Wort, das, als Synonym für »verschlossen« gebraucht, Hersiliens Behandlung unterworfen werden müßte. Das Gegenteil ist in diesem Fall nicht ebenso wahr, sondern eindeutig wahrer. Denn Hermes ist nicht der Gott der festen, sondern der beweglichen Grenzen. Und so begründet die Ehrfurcht vor den »Grenzen der Menschheit« sein mag: der Impuls, ihnen einen Streich zu spielen, ist nicht minder berechtigt und human – wie Wilhelm Meisters Felix beweist, wenn er der Pädagogischen Provinz mit ihrem dreifachen Ehrfurchtskult als wilder Reiter davongaloppiert.

Grenzen müssen also auch gegen ihre Hüter gehütet werden, die Goethe einmal geradezu die »bösen Dämonen« nennt, »welche die Bewegung verhindern« und sich, mit Hilfe einer fixen Terminologie, aus Grenzen ein System bauen. Die Grenze zwischen Erfahrung und Urteil bedarf bei Goethe besonderer Pflege, denn hier wirken die der Trägheit scheinbar entgegengesetzten Dämonen der Übereilung. Der Mißbrauch hat viele Gesichter: »Einbildungskraft Ungeduld Vorschnelligkeit Selbstzufriedenheit Steifheit Gedankenform vorgefaßte Meinung Bequemlichkeit Leichtsinn Veränderlichkeit.« Der wissenschaftliche Tugendkatalog ist kürzer, und neben der »mathematischen Tiefe« – immerhin! – kommt ein zögernd gesetztes, damit herausgehobenes Wort darin vor: *Ironie*. Bei ihr weiß Goethe »bewegliche Ordnungen« am besten aufgehoben. Denn die Ironie weiß reflexartig, wie das scheinbar Widersprüchliche zwischen Ordnung und Bewegung zugunsten des Lebendigen aufgelöst wird. Sie führt ihren eigenen Widerspruch mit, den sie auch gegen sich selbst wenden kann. Denn sie ist grenzenlos in ihrem Geschmack für das Begrenzte. Sie weiß es überall zu finden, ohne es zu verklären, aber auch ohne es verleumden zu müssen. Ihr schmeckt auch der Fall, »der meinen Gesetzen widerspricht«. Die Ironie versteht, was Goethes Verehrer damals wie heute fast noch weniger verstanden haben als seine Tadler, »daß man recht gut über eine Sache spaßen und spotten kann, ohne sie deswegen zu verachten und zu verwerfen.«

Adolf Muschg

12

Bin ich meinem Widerstand gegen »Goethes Lebensträume«
auf die Spur gekommen? Zu dem, was Goethe unter Leben versteht, paßt kein Traum, oder was wir so nennen: schon gar
nicht derjenige der Harmonie mit der Natur – (dagegen hätte
ihr Bildungstrieb allerhand einzuwenden); nicht einmal derjenige des Einvernehmens mit sich selbst. Das meiste, was die na-
turfromme Gemeinde heute bekennt, würde Goethe als Unter-
forderung betrachten, auch wenn die Richtung stimmen sollte.
– Goethes maliziöse Natur wüßte, fürchte ich, mit Ruhigge-
stellten, über Konflikte Erhabenen nichts anzufangen; sie ver-
locken sie nicht einmal zum Katz-und-Maus-Spiel. Wer sich gegen die Widersprüche der Natur blind stellt, ist so wenig ihr
Mann wie derjenige, der sie technologisch aufrüstet. Beide Formen von Naivität, die sanfte wie die rigide, sind an der Natur
verloren. Wer mit ihr nicht spielen kann, dem spielt sie mit.
Aber: wenn Du hier den Vitalismus, den Kult des *Vivere
pericolosamente* um die Ecke spähen siehst, so bist Du, glaube
ich, ebensoweit vom Schuß. Goethe war kein Nietzscheaner
avant la lettre, auch wenn manchmal nicht viel dazu fehlt. Es
fehlt eine Nuance, und also das Entscheidende, denn sie hängt
am Gefühl für Stil und *Comment*. Bei Goethe ist der *Élan vital*
noch nicht an der Reihe, nur weil der Glaube an die normative
Kraft von »Naturgesetzen« ausgedient hat – und damit, so viel
ist wahr, auch ihr idealistisches Pendant, der moralische Rigo-
rismus. Davon, daß Goethes Natur sich keinem Kalkül unter-
wirft, keinem Konzept gehorcht, wird sie nicht chaotisch; sie
ist lebendig, das genügt. Und wenn der »bestirnte Himmel
über mir« dabei ebenso ins Wanken geriete wie »das moralische
Gesetz in mir« – dann ist das für Goethe keineswegs das Ende
der Welt. Es ist ihr immer neuer Anfang. Und die Natur hat offenbar dafür gesorgt, daß er dem Menschen schwerer wird als
jedem andern Geschöpf – wie alles Gute. Kunst habe es mit dem
»Schweren und Guten« zu tun, hat der Alte bekanntlich gesagt;
und wenn es am Ende seines Lebens heißt: »Wie es auch sei, das
Leben, es ist gut«, dann muß, wer ihm diese Ungeheuerlichkeit
nachspricht, das Schwere tragen gelernt haben – leicht.

*Der Klassiker als
Grenzphänomen*

13

Der Weg zu dieser Leichtigkeit ist mit lauter guten Vorsätzen gepflastert, die durchaus zu nichts Gutem führen müssen. Der zitierte Satz aus dem Gedicht »Der Bräutigam« ist selbst ein Beispiel dafür. Denn er könnte auch von jenem Lynkeus im »Faust« gesprochen sein, der vom Turm herab der Welt sein allerhöchstes Gefallen ausspricht: »Ihr glücklichen Augen, was je ihr gesehn / Es sei wie es wolle, es war doch so schön!« Es wird schon im nächsten Augenblick nichts mehr schön sein, wenn die Hütte von Philemon und Baucis, den glücklichen Alten, in Flammen aufgeht. Und der Brandstifter ist, wie sich versteht, auch einer, der es nur gut gemeint hat und für sein »freies Volk auf freiem Grund« nur das Allerbeste wollte. Dafür war eben ein wenig Flurbereinigung nötig. Gewiß, er will in diesem Fall nicht direkt schuldig gewesen sein. Der Teufel hat wieder einmal voreilig gehandelt, als er ihm seinen Willen tat – jener Teufel, der nach eigenem Verständnis »stets das Böse will und stets das Gute schafft«. Der Unterschied zwischen Teufel und Mensch besteht eigentlich nur darin, daß es sich beim Menschen umgekehrt verhält. Er hat immer nur Gutes gewollt, und wenn es dann umgekehrt herauskommt, hatte eben der Teufel die Hand im Spiel. Das Männerpaar Faust/Mephisto ergänzt sich vortrefflich. Es ist, im Kern Eine Person, das Menschliche unter dem doppelten Aspekt betrachtet: daß ihm geholfen werden muß – und daß ihm nicht zu helfen ist. Aber wie soll ihm zu helfen sein, da alles doch immer natürlich zugeht, nur zu natürlich – am meisten, wenn etwas wie Moral ins Spiel kommt? Kann sie dabei je anders als zynisch aussehen? Und zwar auch im besten Fall, dem nämlich, daß der Moralist ihre Anwendung überlebt?

14

Wenn der göttliche Heilsplan, wie jeder andere Plan, am Menschen verloren ist; wenn ihm aber auch die Natur, wie das Sittengesetz, die verläßliche Führung versagt: wohin geht der Mensch? Wo kommt er her, und woher nimmt er seinen Sinn? Das sind eben die Fragen, auf die Goethe die Antwort schuldig bleibt, denn es sind auch die Fragen, die man der Natur nicht

Adolf Muschg

stellen darf. Nach der Frage Wie? lautet die allein weiterführende: Was tun? und die Antwort unerschütterlich: TUN, dabei nicht fragen, WAS, aber erst recht nie aufhören zu fragen: WIE. Was mir geschieht, kann ich nicht wissen, darüber sind die gröbsten Irrtümer nicht nur möglich, sondern die Regel. Aber *wie* es mir geschieht: das kann ich an mir selbst prüfen, wenn ich meine fünf Sinne zusammenhalte. Hier bekomme ich, inmitten aller Bewegung, etwas wie Boden unter die Füße. Und bestünde er nur darin, daß mein Fuß mir sagt, was der Kopf, die »Verstandesvernunft« nicht weiß: hier ist ein Weg. Ich kann es auch mit Augen sehen, vorausgesetzt, ich lasse mir ihren natürlichen Gebrauch nicht verderben. Sie täuschen sich – und mich – weniger als jedes Instrument, und erst recht als jedes angenommene Urteil. Denn dieses kann oft nicht sehen, daß es blind geworden ist – oder verblendet.

Was immer die Welt sonst sein mag: sie ist sinnfällig, und darum ist auf der sinnlichen Ebene, mag sie noch so begrenzt sein, die Fehlerquelle meiner Wahrnehmung gleichfalls begrenzt. Hier kann ich sie immer besser fassen lernen: dann deutet mir die Welt immer zuverlässiger an, wie sie gedeutet sein will. »Der Versuch als Vermittler zwischen Objekt und Subjekt« – er ist das Herz von Goethes Weltanschauung. Denn der Versuch entspringt einem Handlungsbedürfnis und entwickelt Handlungsmaximen; er selbst ist eine. Was du nicht weißt, probier es aus, dann weißt du mehr. Wenn du nicht weißt, was dir schmeckt: versuch es. Tu, aber übereile nichts, sei nicht rasch mit dem Urteil. So einfach wird es, wenn nichts einfach ist: laß dir vom Schwierigen selbst zeigen, wie es genommen sein will. Wenn du die Sprache der Natur nicht kennst: lies, was sie dir unter die Haut schreibt. Du weißt nicht, nach welchem Gesetz – oder ob überhaupt nach einem – sie ihre Geschöpfe bildet: gut. Aber wie, und wozu bildet sie dich selbst, ob du es weißt oder nicht?

15

Ich habe einmal in Palermo einem englischen Jungen zugesehen, der sich geweigert hatte, seine Eltern in eine Modeboutique zu begleiten und auf der Bank sitzen blieb, um einer Gruppe etwa gleichaltriger Mädchen beim Spielen zuzusehen.

Der Klassiker als Grenzphänomen

Sie hatten ein eckiges Labyrinth auf den Boden gezeichnet, mit numerierten Quadraten, die es abzuhüpfen galt. Und ich sah dem Jungen an: er versuchte das System zu verstehen. Plötzlich stand er auf und stellte sich irgendwo auf die Figur. Verblüffung der Mädchen, aber sie dauerte nicht lange. Er wechselte das Quadrat, sie schrien ihm etwas zu; er verstand kein Wort. Schließlich faßte ihn eines am Arm und schob ihn an eine andere Stelle; er blieb wortlos stehen, dann tat er wieder einen Schritt. Das Geschrei wurde lebhafter; er korrigierte seine Schritte und ging auf die entgegengesetzte Seite. Jetzt brachen die Mädchen in Jubel aus. Nach wenigen Minuten war er zum Mitspieler geworden; hie und da zögerte er, wiederholte fragend ein ihm zugerufenes Wort, mußte sich verbessern lassen. Jetzt schoben sie ihn schon mit Lust herum, hie und da begannen sie zu streiten, wer, und wohin. Da gab es eine Partei, die ihn offenbar irreführen wollte; der andern bereitete es Spaß, ihn gewinnen zu lassen. Nach zehn Minuten war er so etwas wie der Held des Spiels geworden, und schon war es ein neues Spiel: wie bezaubert man ein fremdes Kind? Was zeigt man ihm? Welches Mädchen gewinnt? Der kleine Engländer, der noch immer kein Wort verstand, blieb sehr ernsthaft dabei, und schließlich mündete das Spiel in den Versuch, ihn mit allerhand Faxen – und am Ende: mit gespielten sexuellen Angeboten – zum Lachen zu bringen.

Goethe hätte das Spiel, denke ich, trotzdem »artig« genannt. Er hat in Palermo seine Urpflanze finden wollen; ich habe immerhin ein Beispiel für seine zur Lebenskunst weiterführende wissenschaftliche Methode gefunden. Natürlich dachte ich, als ich es vor Augen hatte, an nichts dergleichen. Aber so verfährt Goethe ja selbst nicht ungern mit seinen geheimnisvollen Kästchen, zu denen sich der Schlüssel nicht findet oder sich, gefunden, erübrigt. Hier habe ich einen kleinen Schlüssel gefunden, der mir die *Black Box* seiner Naturwissenschaften einen Spalt breit zu öffnen scheint. Ich habe dafür kein anderes System gebraucht als mein Gedächtnis, das die Verbindung, unvorhergesehen, hergab. Es gleicht aber, scheint mir, dem System, mit dem sich der kleine Engländer in Palermo ins Spiel gebracht hat, bevor ihn seine Eltern davon erlösten (denn ich konnte sehen, daß es ihm über den Kopf wuchs).

Es ist ein ganz ähnliches Spiel, das Goethe mit seinen literarischen Figuren treibt: er probiert sie aus; er sieht zu, wohin sie ihn führen, und die »Bildung« stellt sich von selbst ein. Das ist der Weg durchs Inkalkulable zum Inkommensurablen, den Schiller am »Wilhelm Meister« beneidet und bewundert hat. »Dem Vortrefflichen gegenüber gibt es keine Freiheit als die Liebe« – diese Freiheit wenigstens bewahrt er sich gegenüber so viel Natur, die seine Freiheit nicht ernst zu nehmen braucht. Denn Goethe mußte die Natur nicht suchen (oder postulieren): er *war* eine Natur. Und wurde es dadurch immer mehr, daß er ihr seine Bildung anheimstellte. Daß sie produktiv darauf einging, war ihm Beweis genug, daß sie ihn erkannt hatte, und gewiß zuverlässiger als er sich selbst. Was hatte er zu tun, um ein angemessener, um nicht zu sagen: reizvoller Mitspieler zu sein? Er hatte tätig zu sein, weiter nichts, um sie zur Tätigkeit an ihm selbst aufzufordern. Und dabei mußte er jederzeit auf ihre Streiche und Schelmereien gefaßt sein – und durfte sich auch von ihnen nicht lumpen lassen.

16

Lies einmal die »Wanderjahre« so: als ein Stück experimentelle Anthropologie und progressive – gegenseitige – Bildungsarbeit mit der Natur. Du kannst den Roman auch als Gegendarstellung gegen das hereinbrechende »Maschinenwesen« lesen; und dieses wiederum als organisierte Kriegslist der Zivilisation, die den Spielraum der Natur verkürzen, rationalisieren, quasi zum Werkplatz umbauen soll. Hier muß die Natur geben, was sie hat; hier soll keine Rücksicht mehr darauf walten, was sie *ist*. Das Werkzeug für diese Bändigung entnimmt die werdende Industriegesellschaft dem Arsenal der angewandten Physik. Die Dampfkraft, aber auch die menschliche Arbeitskraft muß die Natur nützen lernen. Was man einst als Doppelberuf des Kunst-Werks gesehen hatte – nützen und unterhalten, *prodesse et delectare* – tritt in spezialisierte Formen auseinander, in eine Technik des Profits und eine reine, aber folgenlose Kunst.
Wie bildet man sich in einer derartig polarisierten Zivilisation »zurück zur Natur«? Und wie schlägt sich die eingetretene Spaltung in der Tätigkeit des Romanschreibens nieder? Denn der Roman hat, als Form, ja seine eigenen Muster mitgebracht,

Der Klassiker als Grenzphänomen

denen ein bestimmter Lebenstraum zugrunde liegt. In den »Lehrjahren« konnte er lauten: nicht einmal du selbst kannst dich daran hindern, ein Individuum zu werden. Erlaube dem Leben nur, dich mitzunehmen, dann schleift es dich ganz von selbst dazu. Für die »Wanderjahre« ist das morphologische Klima des Jahrhunderts strenger geworden. Auch Bildung ist nicht mehr, was sie war – oder zu sein sich einbildete: das gewissermaßen unwillkürliche Produkt einer freien Beziehung zu jeglichem Gegenstand, ein höher kultiviertes Naturspiel. Jetzt wird einseitig produziert, und arbeitsteilig. Die Maschinen bilden ihre Arbeiter nicht mehr, sie qualifizieren sie; dazu nämlich, die Natur besser auszubeuten, und sie müssen sich selbst verkürzen, wenn von ihren Lebensantrieben nur die nutzbaren noch gelten sollen. Wer in Newtons Spektrum schon ein »Gespenst« sah, hätte im Fortschritt der Produktivität Richtung Fließband eine Geisterbahn, den schieren Horrortrip sehen und zum Maschinensturm aufrufen können – im Namen einer vergewaltigten Natur.

Goethe spürt die Versuchung dazu – und gibt ihr nicht nach. Wenn der Natur die Zwangsjacke der Industriegesellschaft zugemutet wird: er glaubt noch lange nicht, daß ihr damit das Handwerk zu legen sei. Eine Natur, die auch den Tod als List verwendet, »viel Leben zu haben«, ist durch keinen Exzeß der Ungeduld, auch nicht durch epochale Mißgriffe zu erledigen. Goethes morphologische Zuversicht biegt sich in den »Wanderjahren«, aber sie bleibt ungebrochen. Er macht sich die Spielvorgabe seinerseits spielend zu eigen, die ihm die veränderte Zeit nahelegt. Er läßt seinen Helden (von einem solchen ist ohnehin nicht viel übrig) die »Wallfahrt nach dem Adelsdiplom« (Novalis) klaglos abbrechen. Er globalisiert sein Milieu und spezialisiert seine Tätigkeit (zum Wundarzt). Er läßt die Verallgemeinerung der neuen Handlungsmaximen gelassen zu – mit Folgen auch für die Organisation seines Romans. Die meisten Zeitgenossen haben nur noch die Desorganisation, die augenscheinliche Fragmentierung feststellen können – und daran eher Verlegenheit bemerkt als Unbesorgtheit. Denn dieselben Leute, die aus der Öffnung der Welt *(divide et impera)* ihr Geschäft machten, wünschten sich wenigstens ihre Kunstwerke ganz und geschlossen – »vollendet«.

Goethe entsprach dieser Erwartung nicht. Auch diesmal ließ er das, was jetzt Bildung heißen mußte, sich selbst ergeben. Zwar richtete er eine »Pädagogische Provinz« ein, wohin Wilhelm Meister, um mobil zu bleiben, seinen Sohn Felix gesteckt hatte. Hier sollte er die drei Ehrfurchten verinnerlichen, deren Goethe seine Zeitgenossen ganz gewiß für bedürftig hielt. Nur: diese Disziplin erweist sich bei Felix als verlorene Mühe. Er zieht ihr den wilden Galopp vor, bei dem er auch prompt ins Wasser stürzt und so gut wie verloren ist – wäre da nicht gerade ein Arzt zur Stelle, der ihn wiederbeleben kann. »Das Leben kehrte wieder; kaum hatte der liebevolle Wundarzt nur Zeit, die Binde zu befestigen, als der Jüngling sich schon mutvoll auf seine Füße stellte, Wilhelmen scharf ansah und rief: »Wenn ich leben soll, so sei es mit dir!« Mit diesen Worten fiel er dem erkennenden und erkannten Retter um den Hals und weinte bitterlich. So standen sie fest umschlungen wie Kastor und Pollux, Brüder die sich auf dem Wechselwege vom Orkus zum Licht begegnen!«

So stellt der Roman auf der letzten Seite *durch eine Tat* nicht nur das Verwandtschaftsverhältnis der beiden wieder her, er rettet ihre Identität. Denn erst durch die Tat erkennen sie sich. Und dabei verwandelt er ihr Verhältnis abermals, indem sie als Brüder erscheinen – und zugleich als unter die Sternbilder Erhobene.

Die lebensrettende Tat – hier ist sie zum Pleonasmus geworden. Denn wenn »die Tat belebt, aber beschränkt«, stellt sie eben durch diese Schranken Leben erst her. Und für Grenzen sorgt die Natur unter allen Umständen, auch denjenigen ihrer industriellen und ökonomischen Ausbeutung. Die Natur wird ihr durch die Rechnung mit wachsenden Zahlen eben jenen Strich machen, der sie, wo nicht zur Strecke bringt, so doch zur Strecke *macht*, auf der, wie im *Corso* des Römischen Carneval, das Leben zu pulsieren beginnen kann.

An der Kunst hat die Natur dabei einen zuverlässigen, und das heißt: ihrerseits unberechenbaren Mitspieler. Das pädagogische Kalkül hat, bei bestem Willen, Felix nicht zu bändigen gewußt, aber nur so hat er sein Glück machen können. Der Roman hat Felix schon einmal das Leben retten müssen, als er ihn an seiner Unart, aus der Flasche zu trinken, festhalten ließ. Hätte er aus dem vergifteten Glas getrunken, so wäre er nicht mehr am Leben. Daß auch die Rechnung mit der Liebe nicht aufgehen will, hat Philine klüger gemacht als die gescheiten Personen des Romans:»Wenn ich dich liebe, was geht's dich an.« Und sogar die astronomische Dimension der »wunderwürdigen« Tante Makarie ist ohne den Verdacht, es könne sich doch nur um ein hartnäckiges Kopfweh handeln, nicht zu haben.

Grenzen, wohin man blickt, von denen keine das Lebenswunder schmälern, sondern erst ermöglichen,»vermannigfaltigen« soll. Denn nur durch Grenzen vermittelt es Maßstäblichkeit, und gibt damit seine Beziehung auf den Menschen zu erkennen.

17

Ironie, glaube ich, rechnet niemand unter die »Lebensträume«. Man pflegt dahin erst zu gelangen, wenn sie ausgeträumt sind, ohne daß man der Versuchung folgt, ihnen dafür übelzuwollen. Die Ironie versucht, die Mitteilung zu verstehen, die das Leben, durch seine Grenzen, machen will, und erkennt: diese Grenzen *sind* die eigentliche, die Eine Sprache des Lebens. Dafür hat kein Traum Ersatz zu bieten. Man eignet sich diese Sprache an, indem man seine eigenen Grenzen kennenlernt: durch Tätigkeit, gemeinhin als Gegenteil des Träumens angesehen. Aber geht man dabei nur weit genug, so mag einem sehr wohl auch das Gegenteil des Gegenteils begegnen: daß einem das Leben selbst wie ein Traum erscheint. Jedenfalls gleicht seine scheinbare Zusammenhangslosigkeit bei offenbar unerschöpflichem Beziehungsreichtum – und auch sein Spiel mit Raum und Zeit – einem Traum eher als jener Wirklichkeit, die wir immer wieder statuieren,»bepfählen« müssen, um unsere Identität daran anzubinden – und um zu erleben, daß auch diese, zu unserem Glück, keine einfache, sondern eine vielfache, darum auch entwicklungsfähige Größe ist. Anderseits zeigt sich die sogenannte Realität als »fable convenue«, eine Fiktion, die wir auflösen müssen, um eigene Geschichten zu erleben – um unsere Geschichte zu *leben*.

We're but such stuff as dreams are made on, and our little life / Is rounded by a sleep. Die Traumförmigkeit des Lebens hat den Sprecher dieser Zeilen, Prospero in Shakespeares »Sturm«, nicht daran gehindert, die magische Insel zu verlassen, um seine Tätigkeit als Herzog von Mailand wieder aufzunehmen. Als

Adolf Muschg

Goethe gegenüber Eckermann die Erde als atmende Kugel sah, war auch für ihn der Augenblick nicht mehr weit entfernt, da er dieses irdische Leben verlassen sollte – wie anders als tätig? *Die Überzeugung unserer Fortdauer entspringt mir aus dem Begriff der Tätigkeit; denn wenn ich bis an mein Ende rastlos wirke, so ist die Natur verpflichtet, mir eine andere Form des Daseins anzuweisen, wenn die jetzige meinem Geist nicht ferner auszuhalten vermag.*

Und wenn das, mein Lieber, kein Lebenstraum war, weiß ich wahrhaftig nicht, was einer sein soll.

Zeit- und Lebensereignisse
Literarische Werke Goethes

1755	*Erdbeben von Lissabon*
1771	»Götz«
1773-75	»Urfaust«, »Werther«, »Stella«
1775	*Übersiedlung nach Weimar*
1779	»Iphigenie«
1786-88	*Italienreise*
1787-89	»Torquato Tasso«
1789	*Französische Revolution*
1794	*Begegnung mit Schiller* »Wilhelm Meisters Lehrjahre«, »Hermann und Dorothea«
1805	*Tod Schillers* »Faust I« *Schlacht bei Jena und Auerstedt*
1808	»Die Wahlverwandtschaften«
1811-13	»Dichtung und Wahrheit«
1813	*Völkerschlacht bei Leipzig, Sturz Napoleons*
1814-19	»West-östlicher Divan«
1823	»Marienbader Elegie«
1829	»Wilhelm Meisters Wanderjahre«
1825-31	»Faust II«

Zeittafel

Goethes naturwissenschaftlicher Lebenslauf

1749   * in Frankfurt am Main

1765-68   Jurastudium in Leipzig; naturwissenschaftliche Lektüre und
              Gespräche (Linné, Buffon, Haller)
1769   Frankfurt: alchemistische Lektüre und Experimente (Para-
              celsus u. a.)
1770-71   Jurastudium in Straßburg; Vorlesungen in Chemie, Anatomie,
              Chirurgie besucht
1774-75   Mitarbeit an Lavaters »Physiognomischen Fragmenten«

1776   Beamter in Weimar; Bergbaukunde, Mineralogie
1779-80   2. Schweizerreise; Geologische Fragestellungen (Buffon,
              de Saussure)
1781-82   Anatomiestudien für Zeichenunterricht (Loder)
1784   Entdeckung des Zwischenkieferknochens beim Menschen
1785-86   Botanische und mikroskopische Studien
1787   Suche nach der »Urpflanze«

1789/90   »Versuch die Metamorphose der Pflanzen zu erklären«
1790-95   Typus und Metamorphose im Tierreich entwickelt
              Projekt einer Morphologie
              Farbenlehre begonnen mit 2 »Beiträgen zur Optik«
1796   Pflanzenwachstum und Insektenmetamorphose beobachtet
1797   3. Schweizerreise; geologische Beobachtungen
              Entstehen der deutschen romantischen
              Naturphilosophie (Schelling, Oken)
1806   Plan zur Veröffentlichung der morphologischen Studien,
              Mittwochsvorlesungen

1807-08   Geologische Studien

1810   Farbenlehre erschienen

1816   Wiederaufnahme morphologischer Arbeiten
1817-24   Hefte »Zur Naturwissenschaft überhaupt« und »Zur Mor-
              phologie« veröffentlicht, Beginn meteorologischer Aufzeich-
              nungen
1824-29   Einzelne Aufsätze zu Farbenlehre, Botanik, Geologie,
              Meteorologie
1830-31   Aufsatz zum Pariser Akademiestreit über den tierischen
              »Typus«
1832   † in Weimar

Zeittafel

Literaturhinweise

Werkausgaben

Die in diesen Band aufgenommenen Goethe-Texte sind nach der Ausgabe des Deutschen Klassiker Verlages zitiert, die in der »Bibliothek deutscher Klassiker« erschienen ist:
Johann Wolfgang Goethe: *Sämtliche Werke. Briefe, Tagebücher und Gespräche*, 40 Bde., Frankfurt a. M. 1985 ff.

Daraus gesondert als Kassette erhältlich:
Johann Wolfgang Goethe: *Das naturwissenschaftliche Werk*, Bde. 23/1-25

Einzelne Gespräche stammen aus:
Eckermann, Johann Peter: *Gespräche mit Goethe in den letzten Jahren seines Lebens*, hrsg. von Fritz Bergemann, Wiesbaden 1955
Goethes Gespräche in vier [fünf] Bänden, hg. von Wolfgang Herwig, Zürich 1965-1987

Weitere Gesamtausgaben der naturwissenschaftlichen Schriften:
[Johann Wolfgang von] Goethe: *Die Schriften zur Naturwissenschaft*, hrsg. im Auftrage der Deutschen Akademie der Naturforscher Leopoldina, Weimar 1947 ff.
[Johann Wolfgang von] Goethe: *Werke*, 2. Abt., hrsg. im Auftrag der Großherzogin Sophie von Sachsen, Weimar 1890-1904

Ausgaben einzelner naturwissenschaftlicher Werke:
– Goethe, Johann Wolfgang: *Die Tafeln zur Farbenlehre und deren Erklärungen, mit einem Nachwort von Jürgen Teller*, 4. Aufl., Frankfurt a. M. und Leipzig 1994
– Goethe, Johann Wolfgang: *Schriften zur Naturwissenschaft*, hrsg. von Michael Böhler, Stuttgart 1977
– *Goethes Anschauen der Welt. Schriften und Maximen zur wissenschaftlichen Methode*, hrsg. von Ekkehart Krippendorff, Frankfurt a. M. und Leipzig 1994

Spezialbibliographien

– *Goethe und die Naturwissenschaften: Eine Bibliographie*, hrsg. von Günther Schmid, Halle 1940
– *Goethe in the History of Science*, hrsg. von Frederick Amrine; Bd. 1: *Bibliography*, 1776-1949; Bd. 2: *Bibliography*, 1950-1990, New York etc. 1995 (= *Studies in modern German literature*, Bde. 29 und 30)

Neuere Einzelstudien

- Amrine, Frederick; Zucker, Francis J.; Wheeler, Harvey (Hrsg.): *Goethe and the Sciences. A Reappraisal*, Dordrecht 1987 (= *Boston Studies in the Philosophy of Science*, Bd. 97)
- *Goethe und die Wissenschaften. Wissenschaftliche Beiträge der Friedrich-Schiller-Universität Jena*, Jena 1984
- Hansen, Volkmar (Hrsg.): *Goethe und die Welt der Pflanzen*, Katalog zur Sonderausstellung, zusammengestellt und verfaßt von Heike Spies, Düsseldorf 1999
- Kahler, Marie-Luise; Maul, Gisela: *Alle Gestalten sind ähnlich. Goethes Metamorphose der Pflanzen*, Weimar 1991
- Kaiser, Gerhard: *Ist der Mensch zu retten? Vision und Kritik der Moderne in Goethes »Faust«*, Freiburg i. Br. 1994
- Kleinschnieder, Manfred: *Goethes Naturstudien. Wissenschaftstheoretische und -geschichtliche Untersuchungen*, Bonn 1971
- Krätz, Otto: *Goethe und die Naturwissenschaften*, 2., korr. Aufl., München 1998
- Kuhn, Dorothea: *Empirische und ideelle Wirklichkeit. Studien über Goethes Kritik des französischen Akademiestreites*, Graz/Wien/Köln 1967 (= *Neue Hefte zur Morphologie*, 5. Heft)
- Kuhn, Dorothea: *Typus und Metamorphose. Goethe-Studien*, hrsg. von Renate Grumach, Marbach a. N. 1988
- Mann, Gunther (Hrsg.): *In der Mitte zwischen Natur und Subjekt. Johann Wolfgang von Goethes »Versuch, die Metamorphose der Pflanzen zu erklären«. 1790-1990. Sachverhalte, Gedanken, Wirkungen*, Frankfurt a. M. 1992 (= *Senckenberg-Buch*, Bd. 66)
- Matussek, Peter (Hrsg.): *Goethe und die Verzeitlichung der Natur*, München 1998
- Meyer-Abich, Klaus Michael; Matussek, Peter: *Skepsis und Utopie. Goethe und das Fortschrittsdenken*, in: *Goethe-Jahrbuch* 110 (1993), S. 185-207
- Muschg, Adolf: *Goethe als Emigrant. Auf der Suche nach dem Grünen bei einem alten Dichter*, Frankfurt a. M. 1986
- Nager, Frank: *Der heilkundige Dichter. Goethe und die Medizin*, Zürich/München 1990
- Nickel, Gisela: *»Höhen der alten und neuen Welt bildlich verglichen«. Eine Publikation Goethes in Bertuchs Verlag*, in: *Friedrich Justin Bertuch (1747-1822). Verleger, Schriftsteller und Unternehmer im klassischen Weimar* (Tübingen 1999)
- Nisbet, Hugh B[arr]: *Goethe and the Scientific Tradition*, London 1972 (= *Publications of the Institute of Germanic Studies*, Bd. 14)
- Noé-Rumberg, Dorothea Michaela: *Naturgesetze als Dichtungsprinzipien. Goethes verborgene Poetik im Spiegel seiner Dichtungen*, Freiburg i. Br. 1993 (= *Rombach Wissenschaft: Reihe Litterae*, Bd. 17)

- Proskauer, Heinrich O.: *Zum Studium von Goethes Farbenlehre*, Basel 1985
- Schielicke, Reinhard; Blumenstein, Kathrin: *Herzog Carl August, Goethe und die Einrichtung der Herzoglichen Sternwarte zu Jena*, in: *Goethe-Jahrbuch* 109 (1992), S. 173-180
- Schmidt, Alfred: *Goethes herrlich leuchtende Natur. Philosophische Studie zur deutschen Spätaufklärung*, München/Wien 1984
- Schönherr, Hartmut R.: *Einheit und Werden. Goethes Newton-Polemik als systematische Konsequenz seiner Naturkonzeption*, Würzburg 1993 (= *Epistemata: Reihe Philosophie*, Bd. 115)
- Schöne, Albrecht: *Goethes Farbentheologie*, München 1987
- Schwedt, Georg: *Goethe als Chemiker*, Berlin/Heidelberg/New York 1998
- Sölch, Reinhold: *Die Evolution der Farben. Goethes Farbenlehre in neuem Licht*, Ravensburg 1998
- Steiger, Günter: *Diesem Geschöpfe leidenschaftlich zugetan: Bryophyllum calycinum – Goethes »pantheistische Pflanze«*, Weimar 1986
- Unseld, Siegfried: *Goethe und der ›Ginkgo‹: Ein Baum und ein Gedicht*, Frankfurt a. M. 1998
- Voigt, Wolfram und Sucker, Ulrich: *Johann Wolfgang von Goethe als Naturwissenschaftler*, 3., verb. Aufl., Leipzig 1987 (= *Biographien hervorragender Naturwissenschaftler, Techniker und Mediziner*, Bd. 38)
- Wachsmuth, Andreas B.: *Geeinte Zwienatur. Aufsätze zu Goethes naturwissenschaftlichem Denken*, Berlin und Weimar 1966 (= *Beiträge zur deutschen Klassik*, Bd. 19)
- Wenzel, Manfred: *Goethe und Darwin. Goethes morphologische Schriften in ihrem naturwissenschaftshistorischen Kontext*, Diss. Bochum 1983
- Wyder, Margrit: *Goethes Naturmodell. Die Scala Naturae und ihre Transformationen*, Köln/Wien/Weimar 1998
- Zajonc, Arthur: *Die gemeinsame Geschichte von Licht und Bewußtsein*, dt. von Rainer Kober, Reinbek bei Hamburg 1994
- Zimmermann, Rolf Christian: *Das Weltbild des jungen Goethe. Studien zur hermetischen Tradition des deutschen 18. Jahrhunderts*, 2 Bde., München 1969/79

Literaturhinweise

Abbildungsverzeichnis

Literaturhinweise